Jesús Hazael García Gallegos
Mayola Giselle Galván Mondragón
Carlos Manuel Dorantes Ayala

Sistema Integrado de Purificação de Água em Comunidades Rurais

Jesús Hazael García Gallegos
Mayola Giselle Galván Mondragón
Carlos Manuel Dorantes Ayala

Sistema Integrado de Purificação de Água em Comunidades Rurais

Desenvolvimento de um protótipo solar capaz de gerar água limpa sem microrganismos nocivos e a baixo custo.

ScienciaScripts

Cover image: www.ingimage.com

This book is a translation from the original published under ISBN 978-620-0-02196-0.

Publisher:
Sciencia Scripts
is a trademark of
Dodo Books Indian Ocean Ltd. and OmniScriptum S.R.L publishing group

120 High Road, East Finchley, London, N2 9ED, United Kingdom
Str. Armeneasca 28/1, office 1, Chisinau MD-2012, Republic of Moldova, Europe
Managing Directors: Ieva Konstantinova, Victoria Ursu
info@omniscriptum.com

Printed at: see last page
ISBN: 978-620-8-62364-7

AUTORES

JESÚS HAZAEL GARCÍA GALLEGOS MAYOLA GISELLE GALVÁN MONDRAGÓN CARLOS MANUEL DORANTES AYALA JUAN GABRIEL RODRÍGUEZ ORTIZ JOSÉ GASPAR BARRÓN OSORNIO JORGE ALBERTO CALLEJAS RUIZ

ÍNDICE

INTRODUÇÃO

Em resposta à necessidade urgente de acesso a água potável segura em comunidades marginalizadas, foi concebido e desenvolvido um protótipo de desinfeção solar para o tratamento de águas estagnadas e pluviais. Este projeto centrou-se em fornecer uma solução económica e sustentável que pudesse ser implementada em áreas rurais e peri-urbanas, onde os recursos são limitados e o acesso a tecnologias avançadas é restrito. O protótipo foi desenvolvido com o objetivo de utilizar a energia solar, uma fonte de energia abundante e gratuita, para desinfetar eficazmente a água, proporcionando uma alternativa viável e acessível aos métodos tradicionais de purificação da água.

Para garantir a eficácia do protótipo, foram realizados testes de verificação exaustivos, incluindo a Demanda Química de Oxigénio (DQO), a medição de sólidos suspensos, o pH e a condutividade eléctrica da água tratada. Estes testes foram fundamentais para avaliar a capacidade do sistema para remover poluentes e melhorar a qualidade da água. Os resultados obtidos revelaram uma redução significativa da carga poluente, confirmando que o protótipo cumpria as normas de qualidade exigidas para consumo humano.

Além disso, a ergonomia do protótipo foi avaliada, garantindo que a sua conceção era acessível e fácil de operar pelas comunidades-alvo. O projeto final não só provou ser eficiente em termos de desempenho, como também se revelou prático e adaptável às condições locais, permitindo a sua implementação com baixos custos de produção e manutenção. Estes resultados realçam a viabilidade do protótipo como uma solução eficaz para melhorar o acesso à água potável em áreas vulneráveis, contribuindo assim para melhorar a qualidade de vida dos seus habitantes.

CAPÍTULO I
INFORMAÇÕES GERAIS SOBRE O PROJECTO

1.1 Título do projeto

Sistema Integrado de Purificação de Água em Comunidades Rurais.

1.2 Problemático

O acesso à água potável é uma questão crítica que afecta numerosas comunidades em todo o mundo, especialmente nas zonas rurais e nas regiões empobrecidas. As consequências da falta de acesso à água potável são diversas e profundas, afectando a saúde, a economia, a educação e o ambiente das comunidades afectadas. Doenças transmitidas pela água: A falta de água potável está diretamente relacionada com a propagação de doenças como a cólera, a disenteria, a febre tifoide e a diarreia. De acordo com a Organização Mundial de Saúde (OMS), as doenças diarreicas causadas por água contaminada matam cerca de 485 000 pessoas por ano, muitas das quais são crianças com menos de cinco anos. Entre as pessoas afectadas pela subnutrição, a diarreia crónica e outras doenças relacionadas com a água podem levar à subnutrição, especialmente nas crianças, devido à perda contínua de nutrientes essenciais e à incapacidade do organismo para absorver os alimentos de forma adequada. Embora o impacto económico não disponha de recursos suficientes para gerar uma conduta de água potável para consumo, a perda de produtividade e a falta de acesso a água potável obrigam as pessoas, especialmente as mulheres e as crianças, a passar várias horas por dia a recolher água de fontes distantes. Este tempo poderia ser utilizado em actividades produtivas, como o trabalho remunerado, a educação ou a assistência à família. Dados os factores de consumo de água não fiável, os custos médicos, que são doenças causadas por água contaminada, geram custos médicos significativos para as famílias, muitas das quais já vivem na pobreza. Estes custos podem agravar ainda mais a sua situação económica.

1.3 Objetivo do projeto

Conceber um protótipo que satisfaça as necessidades de desinfeção solar de águas estagnadas e/ou pluviais, destinado a comunidades rurais com pouco acesso à água.

1.4 Justificação

O desenvolvimento de um protótipo capaz de gerar água limpa, livre de microrganismos nocivos e a baixo custo, é crucial para resolver a crise de acesso à água potável que afecta milhões de pessoas em todo o mundo. Este projeto não só tem o potencial de melhorar a saúde e a qualidade de vida das comunidades vulneráveis, como também pode contribuir para o desenvolvimento económico e educacional destas regiões. A partir daí, teríamos uma redução das doenças transmitidas pela água, como a cólera, a disenteria e a diarreia, que são as principais causas de morbilidade e mortalidade nas comunidades sem acesso a água potável. Um protótipo eficaz poderia reduzir drasticamente a incidência dessas doenças, melhorando a saúde pública e a nutrição, o que reduz a prevalência de doenças gastrointestinais, o protótipo contribuiria para uma melhor absorção de nutrientes e, assim, reduziria a desnutrição, especialmente em crianças. Outra vantagem deste protótipo é o impacto económico no momento da compra, pois é de baixo custo e permite poupar nas despesas médicas, o que libertaria recursos económicos que poderiam ser utilizados para outras necessidades básicas ou investimentos produtivos. Já o impacto ambiental, que gera sustentabilidade, concebido para ser eficiente e de baixo custo, poderia utilizar tecnologias sustentáveis, como a energia solar ou sistemas de recolha de águas pluviais, reduzindo a dependência de fontes de água sobre-exploradas, o que reduziria a poluição que, ao fornecer água limpa e segura, reduz a necessidade de recorrer a fontes poluídas e a pressão sobre o ecossistema local, ajudando a conservar o ambiente. A conceção de um protótipo de baixo custo é essencial para a adoção em comunidades de baixos rendimentos, o que garantirá que o sistema é acessível e pode ser implementado em grande escala e tem uma interface de utilizador simples para uma melhor compreensão e utilização sem a necessidade de competências avançadas.

1.5 Divulgação

O âmbito deste projeto é gerar um protótipo no qual serão selecionadas as comunidades que dele beneficiariam, com base na sua falta de acesso a água potável segura e na dependência de fontes de água estagnada e de água da chuva; também através da realização de estudos de qualidade da água que analisariam as caraterísticas da água nestas áreas, incluindo contaminantes comuns e níveis de microrganismos patogénicos. Construção de um primeiro protótipo funcional utilizando os materiais e componentes selecionados, testes de avaliação inicial do protótipo num ambiente controlado para verificar a sua eficácia na remoção de microrganismos e contaminantes, otimização do refinamento da conceção com base nos resultados dos testes iniciais, otimização do desempenho e redução dos custos sempre que possível, em que o desenvolvimento de uma conceção concetual do protótipo, tendo em conta factores como a capacidade, a facilidade de utilização, a durabilidade, a relação custo-eficácia e a facilidade de manutenção, utilizará materiais e componentes de uma seleção de materiais e componentes acessíveis e de baixo custo que possam ser obtidos localmente ou facilmente distribuídos.

CAPÍTULO II
QUADRO TEÓRICO

2.1 Protótipo

Os protótipos funcionam como representações tangíveis das ideias de conceção, permitindo aos designers transformar as suas ideias em realidade e testá-las na prática durante a fase de investigação e conceção. Ao criar protótipos, os designers podem testar a funcionalidade, a usabilidade e a experiência geral do utilizador de uma conceção antes de investirem recursos significativos no desenvolvimento à escala real. Este processo iterativo de testar e aperfeiçoar protótipos permite aos designers identificar e eliminar quaisquer falhas ou áreas a melhorar, resultando num design final mais refinado e bem sucedido. Entretanto, os protótipos também desempenham um papel importante na melhoria da experiência do utilizador, fornecendo uma representação realista do design da aplicação ou do sítio Web. Os designers podem testar o fluxo de interação, a navegação e os elementos visuais para garantir uma experiência de utilizador suave e intuitiva. Ao personalizar a experiência do utilizador através da prototipagem, os designers podem criar interfaces atraentes, fáceis de utilizar e que satisfaçam as expectativas dos utilizadores (Engineering, 2024).

2.2 Radiação solar

A radiação solar é a energia emitida pelo Sol através de ondas electromagnéticas, da qual depende a vida na Terra. Para além de determinar a dinâmica e as tendências atmosféricas e climáticas, permite também a fotossíntese das plantas. Se quiser saber mais sobre os tipos de radiação que existem e como são prejudiciais para a sua saúde, especialmente para a sua pele no verão, continue a ler.

A energia emitida pelo sol sob a forma de radiação electromagnética que atinge a atmosfera. É medida numa superfície horizontal, por meio do sensor de radiação ou pirómetro, que é colocado virado para sul e num local sem sombras. A unidade de medida é o watts por metro quadrado (W/m^2). A radiação solar medida em cada uma das estações meteorológicas é dada em unidades de potência e em watts por metro quadrado (W/m^2). No caso dos dados recolhidos a cada 10 minutos, é a potência média em 10 minutos e, no caso da radiação diária, representa a potência média do dia.

Se pretender converter a radiação solar global em unidades de potência para unidades de energia, no caso de utilizar os dados de 10 minutos, multiplique cada um dos valores de potência em W/m² por 600 s (segundos em 10 minutos) e o resultado será em Joules por metro quadrado (J/m²). Caso se utilize o valor médio diário da radiação solar global, multiplica-se o valor da potência em W/m² por 86.400 s (segundos num dia) e o resultado será em Joules por metro quadrado (J/m²).

A luz é a radiação visível ao olho humano. O seu comprimento de onda situa-se entre 400 e 730 nm. A radiação cujo comprimento de onda é inferior a 400 nm é designada por radiação ultravioleta e a radiação cujo comprimento de onda é superior a 730 nm é designada por radiação infravermelha (Navarra, 2022).

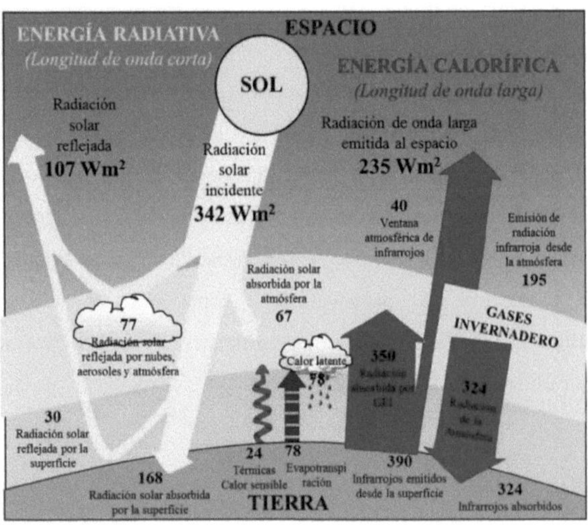

Figura 1. Tipos de energia em que a radiação solar é transformada (Ferrer, n.d.).

2.3 Transferência de calor por radiação

Na radiação, a energia é transmitida sob a forma de ondas electromagnéticas que viajam à velocidade da luz. A radiação electromagnética aqui considerada é a radiação térmica. A quantidade de energia que deixa a superfície sob a forma de calor radiante depende da temperatura absoluta e da natureza da superfície. Um emissor ideal ou um corpo negro emite da sua superfície uma certa quantidade de energia radiante por unidade de tempo qr, determinada pela equação. A radiação é a transferência de calor sem contacto entre objectos. É produzida pela emissão de energia através de ondas electromagnéticas (Vega, 2004). A radiação é a transferência de calor através de ondas electromagnéticas. Pode ser classificada como transporte molecular, uma vez que a energia é produzida pela alteração das configurações electrónicas dos átomos ou moléculas constituintes e transportada por ondas electromagnéticas ou fotões. Não há contacto direto entre os dois meios e o intermediário ou interface não participa nas funções de troca - na maioria dos casos é o ar, embora também haja transferência de calor através do vácuo (UNAM, 2003).

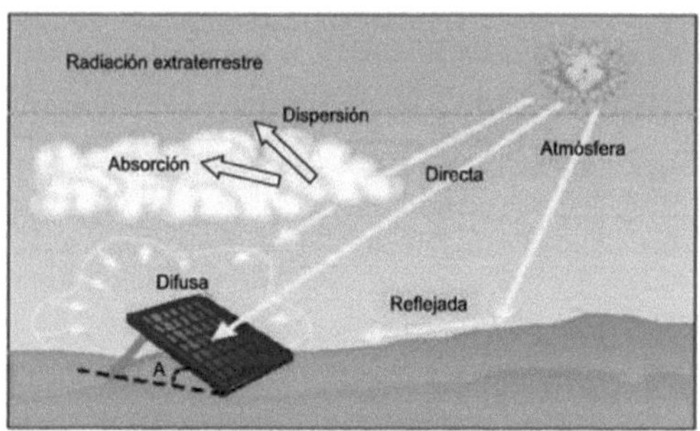

Figura 2. Transferência de energia por radiação solar (UNEFA, n.d.).

2.4 Transferência de calor por convecção

A convecção térmica envolve a transferência de calor através do movimento de um fluido, seja ele líquido ou gasoso. Pode ser classificada em dois tipos: convecção natural e convecção forçada. A transferência de calor por convecção é o processo pelo qual o calor é transferido de uma região para outra através de um fluido em movimento.

Convecção natural

A convecção natural ocorre quando o movimento do fluido é causado por diferenças de densidade resultantes de variações de temperatura no fluido. Por exemplo, quando o ar perto de uma superfície quente é aquecido, expande-se e torna-se menos denso, fazendo com que suba e seja substituído por ar mais frio e mais denso. Este ciclo contínuo gera correntes de convecção.

Figura 3. Processo de convecção natural (Hsaini, Y., 2020.)

Convecção forçada

Na convecção forçada, o movimento do fluido é induzido por uma fonte externa, como uma ventoinha, uma bomba ou outro dispositivo mecânico. Este tipo de convecção é comum em sistemas de aquecimento e arrefecimento, onde uma ventoinha é utilizada para mover ar quente ou frio através de um sistema. O coeficiente de transferência de calor por convecção forçada (h h) depende de vários factores, incluindo a velocidade do fluido, as propriedades do fluido (densidade, viscosidade, condutividade térmica e capacidade térmica) e a geometria do sistema. É normalmente calculado utilizando números adimensionais, tais como o número de Nusselt (Nu), o número de Reynolds (R e) e o número de Prandtl (Pr) (Perez, 1984).

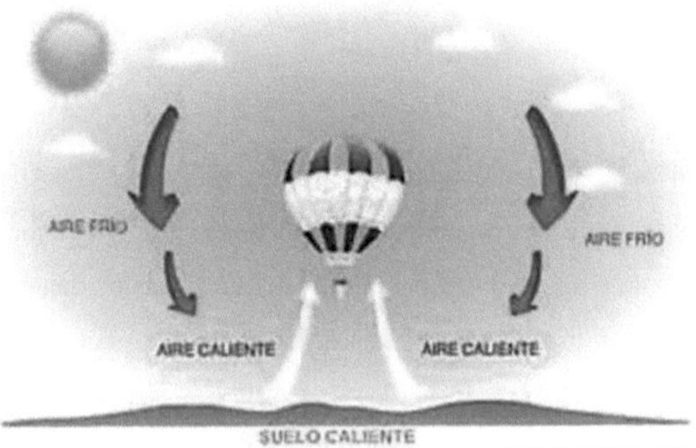

Figura 4. Energia por convecção (Facilitador, P., n.d.).

2.5 Transferência de calor por condução

A transferência de calor por condução é um processo em que o calor é transferido através de um material sólido ou líquido em repouso sob a influência de um gradiente de temperatura. A condução é o mecanismo fundamental da transferência de calor e pode ser descrita matematicamente pela lei de Fourier (Energia e Combustão, 2009).

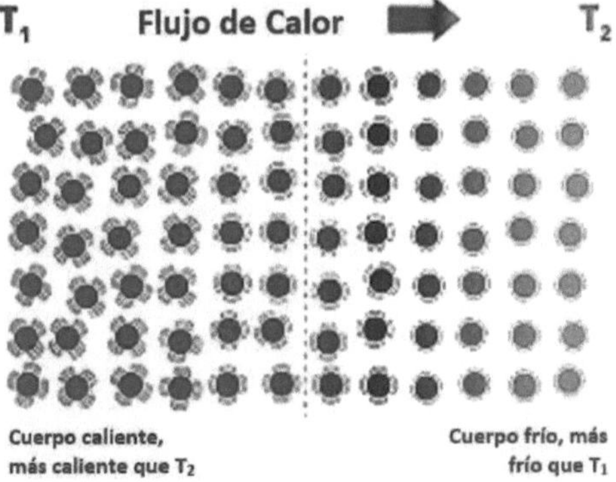

Figura 5. Transferência de calor por convecção (Shutterstock, 2024)

2.6 Lei de Fourier

Esta lei estabelece que o calor flui entre dois objectos proporcionalmente à diferença de temperatura entre eles e só pode fluir numa direção: O calor só pode ser transferido de um objeto mais quente para um objeto mais frio. Na Teoria da Análise Térmica, Fourier, J. (1822, p. 2) afirma "Existem muitos fenómenos que não são causados por uma força mecânica, mas que surgem apenas como resultado da presença e acumulação de calor. O fluxo de calor só é possível entre regiões que se encontram a temperaturas diferentes, e a sua direção é sempre do corpo de maior temperatura para o corpo de menor temperatura. O fator de proporcionalidade ou constante é designado por condutividade térmica do material. Existem vários tipos de materiais, desde os bons condutores, como o ouro, a prata ou o cobre, até aos maus condutores, chamados isolantes, como o vidro ou o amianto. O fator que determina a qualidade de condutor de um material é a condutividade térmica, que é definida como uma propriedade física que mede a capacidade de condução de calor ou a capacidade de transferir o movimento cinético das suas moléculas para as moléculas dos corpos adjacentes com os quais está em contacto. O inverso da condutividade térmica é a resistência térmica, que é a capacidade de um corpo se opor ao fluxo de calor (2018, Jimenez).

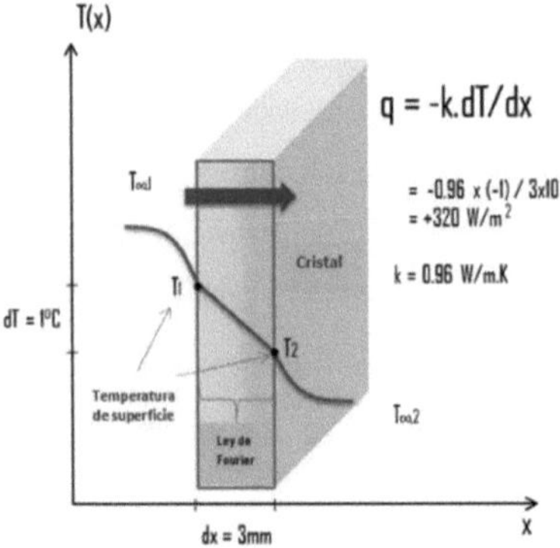

Figura 6. Diagrama de transferência de calor, segundo a Lei de Fourier (Therma Engineering, n.d.).

2.7 Temperatura

A temperatura é uma grandeza escalar definida como a quantidade de energia cinética das partículas de massa gasosa, líquida ou sólida. Quanto maior for a velocidade das partículas, maior será a temperatura e vice-versa. A medição da temperatura inclui os conceitos de frio (temperatura mais baixa) e calor (temperatura mais alta), que podem ser sentidos instintivamente. Para além disso, a temperatura serve também como valor de referência para determinar a temperatura normal do corpo humano e é uma informação utilizada para avaliar a saúde. O calor é também utilizado em processos químicos, industriais e metalúrgicos (Leskow, 2024).

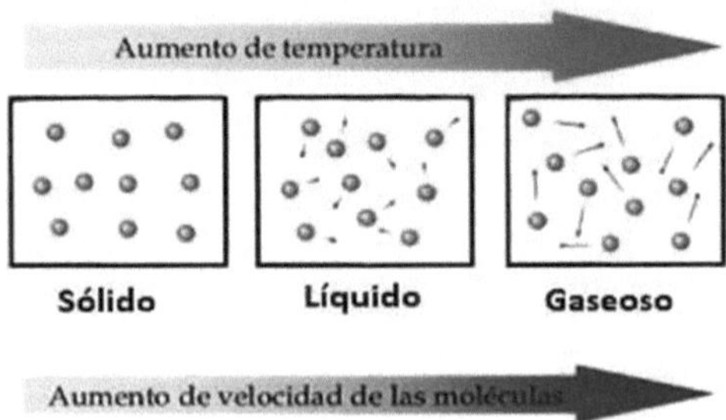

Figura 7. Diagrama que mostra o movimento das moléculas em função do aumento de calor fornecido a um sistema (Wited, n.d.).

2.8 Escala da temperatura

As três escalas de temperatura mais comuns são: Celsius, Fahrenheit e Kelvin. Pode ser criada uma escala de temperatura identificando duas temperaturas facilmente reproduzíveis. As temperaturas de ebulição (passagem de líquido a vapor) e de fusão (passagem de sólido a líquido) da água a uma atmosfera de pressão. A escala Celsius. Também conhecida como "escala centígrada", é a mais comummente utilizada juntamente com a escala Fahrenheit. Nesta escala, o ponto de congelação da água é 0 °C (zero graus Celsius) e o seu ponto de ebulição é 100 °C (212 °F). A escala Fahrenheit. Esta é a medida utilizada na maioria dos países de língua inglesa. Nesta escala, o ponto de congelação da água ocorre a 32 °F (trinta e dois graus Fahrenheit) e o seu ponto de ebulição a 212 °F (212 °C). A escala Kelvin. Esta é a medida habitualmente utilizada na ciência e estabelece o "zero absoluto" como ponto zero, o que pressupõe que o calor é libertado pelo objeto e é equivalente a -273,15 °C (graus Celsius). Escala de Rankine. É a medida habitualmente utilizada nos Estados Unidos para a medição da temperatura termodinâmica e é definida pela medição dos graus Fahrenheit acima do zero absoluto, pelo que não tem valores negativos ou abaixo de zero (Juan, 2018).

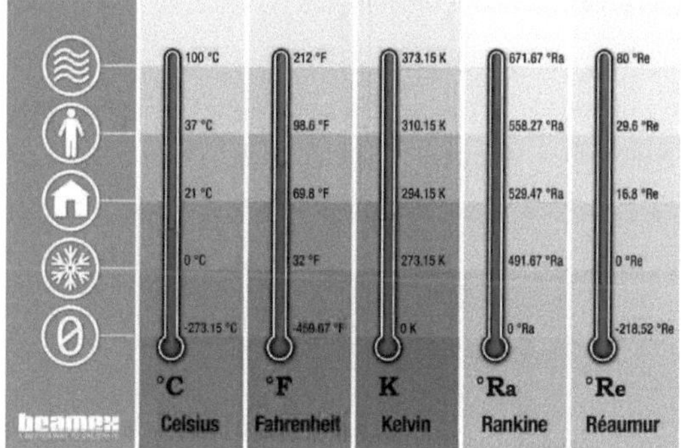

Figura 8. Diferentes escalas de temperatura e suas equivalências (Beamex, n.d.).

2.9 Calor

O calor é a transferência de energia térmica devido a diferenças de temperatura. Esta diferença de temperatura é também conhecida como gradiente de temperatura. Como o calor é o movimento da energia, é medido nas mesmas unidades que a energia: joules (J), também chamados joules. É também importante notar que o trabalho e o calor estão intimamente relacionados (Leskow, 2021).

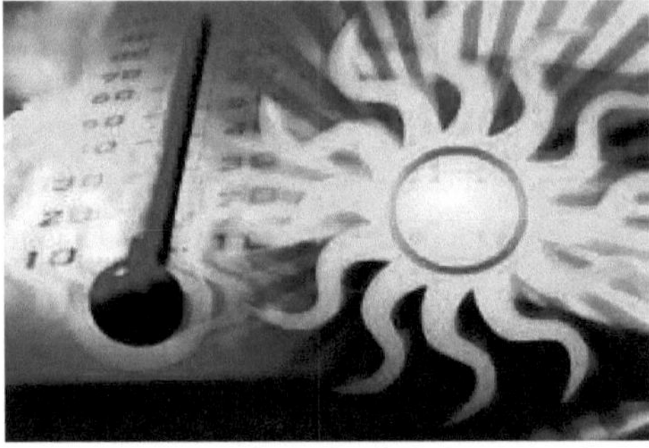

Figura 9. Diagrama da relação entre o sol, a energia e a temperatura (Docenteca, s.d.).

2.10 Irradiância solar

A irradiância solar é uma medida fundamental em estudos relacionados com a energia solar, a meteorologia e a climatologia. Refere-se à potência por unidade de área recebida do Sol sob a forma de radiação electromagnética no topo da atmosfera ou ao nível da superfície da Terra. A compreensão da irradiância solar é crucial para a conceção e otimização dos sistemas de energia solar, bem como para a análise dos efeitos do tempo e do clima. A irradiância solar (E) é definida como a densidade de potência da radiação solar recebida por uma superfície por unidade de área e expressa em watts por metro quadrado (W/m^2). Esta medida inclui tanto a radiação direta do sol como a radiação difusa, que é a radiação dispersa pela atmosfera (Duffie & Beckman, 2013).

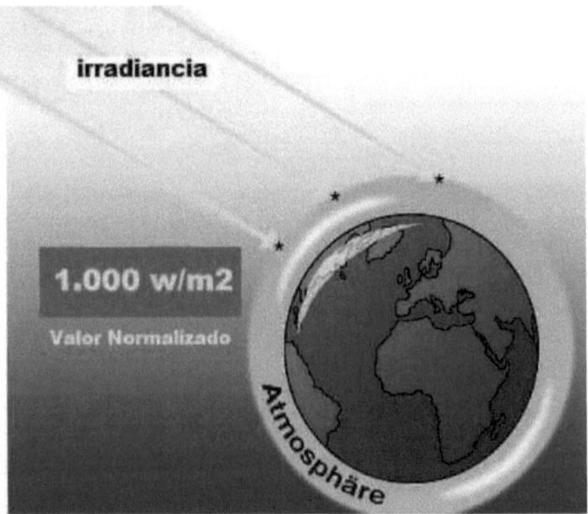

Figura 10. Diagrama e valor normalizado da irradiância solar (Área Tecnología, n.d.).

- Radiação direta: Radiação que chega diretamente do sol sem ser dispersa ou reflectida.

DNI

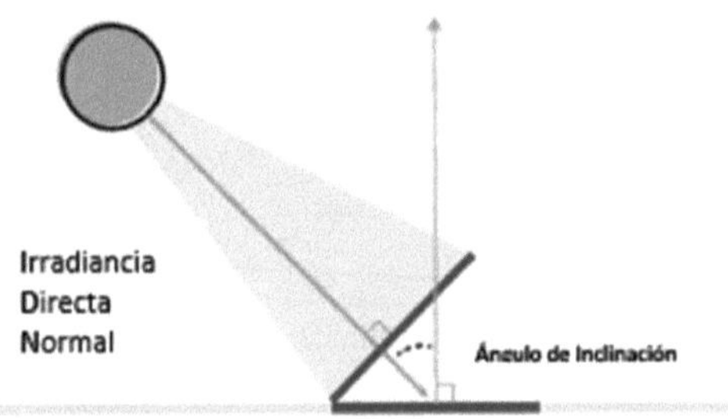

Figura 11. Diagrama de irradiância direta (Solar Anywhere, 2021).

- Radiação difusa: Radiação que foi dispersa por moléculas e partículas na atmosfera.

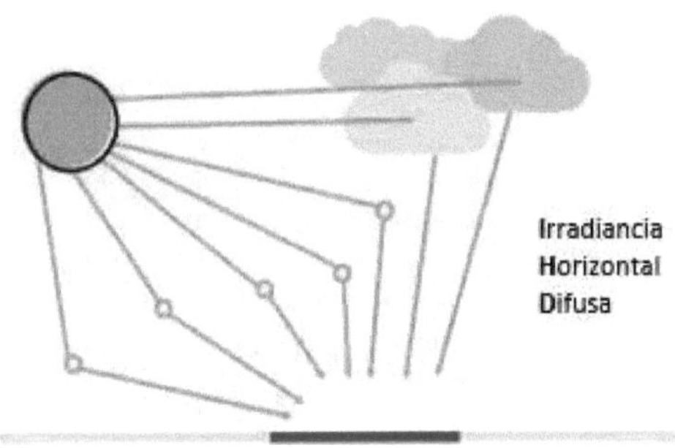

Figura 12. Diagrama de irradiância difusa horizontal Solar Anywhere, 2021).

- Radiação global: A soma da radiação direta e difusa que atinge a superfície da Terra.

$CHI= DHI+ DNI * \cos(cx_{tilt})$

Figura 13. Equação para determinar a Irradiância Global Headroom (GHI) (Solar Anywhere, 2021).

Factores que afectam a irradiância solar:

- Latitude: A irradiância solar é mais elevada nas regiões equatoriais e diminui em direção aos pólos.

Figura 14. Energia solar e latitude. (Fundação CK-12, n.d.)

- Estação do ano: Devido à inclinação do eixo da Terra, a irradiância varia com as estações do ano, sendo mais elevada no verão e mais baixa no inverno em cada hemisfério.

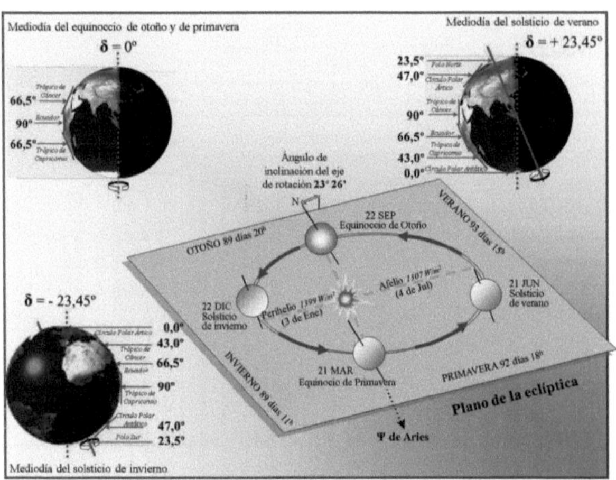

Figura 15. A energia solar e as estações do ano (Ferrer, s.d.).

- Hora do dia: A irradiância solar é mais elevada ao meio-dia, quando o sol está no seu ponto mais alto no céu.

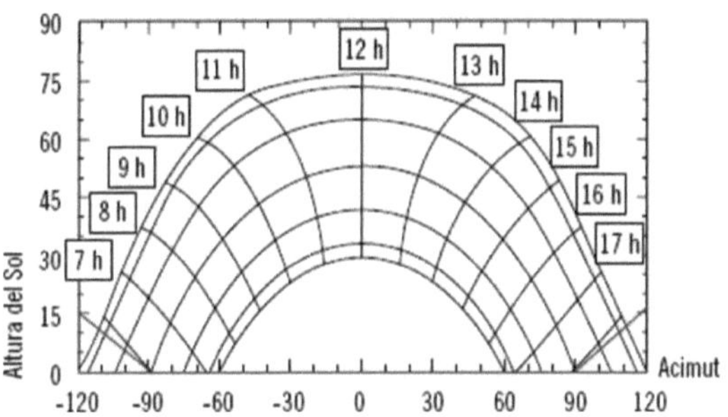

Figura 16. Gráfico que mostra a flutuação da energia solar e as horas do dia (DBP, n.d.).

- Altitude: Quanto maior a altitude, mais fina é a atmosfera, o que reduz a quantidade de radiação dispersa e absorvida.

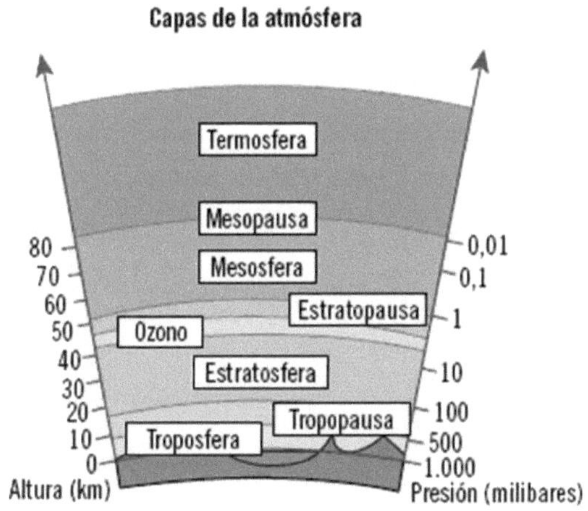

Figura 17. Camadas da atmosfera (DBP, n.d.)

- Condições atmosféricas: A presença de nuvens, poeiras e poluentes no ar pode reduzir a quantidade de irradiação solar que atinge a superfície da Terra (Iqbal, 1983).

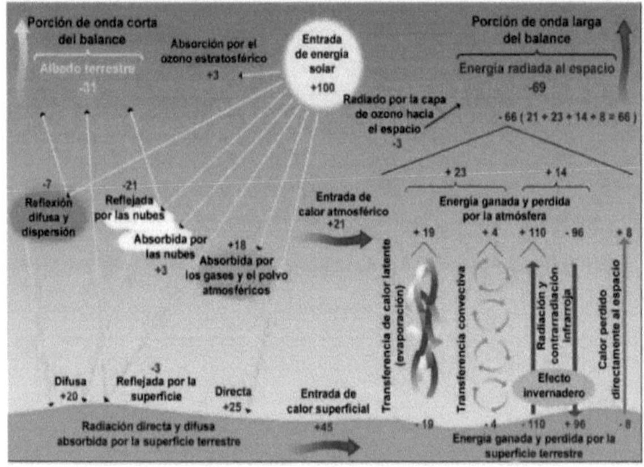

Figura 18. Balanço energético da atmosfera (Meteorología en Red, n.d.).

Medição da Irradiância Solar:

A medição exacta da irradiância solar é essencial para as aplicações de energia solar e de climatologia. Os instrumentos normalmente utilizados incluem:

- Piranómetros: Medem a radiação solar global (direta + difusa) numa superfície plana.

Figura 19. Fotografia de um piranómetro (HACH, 2024).

- Pireliómetros: Medem a radiação solar direta.

Figura 20. Fotografia de um pirheliómetro (Elemetrics, 2024).

- Actinómetros: Medir a radiação solar e outras radiações.

Figura 21. Fotografia de um Actinómetro (Kipp e Zonen, 2024).

Aplicações de Irradiância Solar

- Energia solar fotovoltaica: A eficiência e a conceção dos painéis solares dependem da quantidade de irradiação solar disponível num determinado local (Masters, 2004).

Figura 22. Aplicação da irradiância solar, para a produção de energia eléctrica através de painéis fotovoltaicos (Fator Energía, n.d.).

- Climatologia e Meteorologia: A irradiância solar afecta o clima e as condições meteorológicas, influenciando a temperatura e o ciclo hidrológico (Stull, 1988).

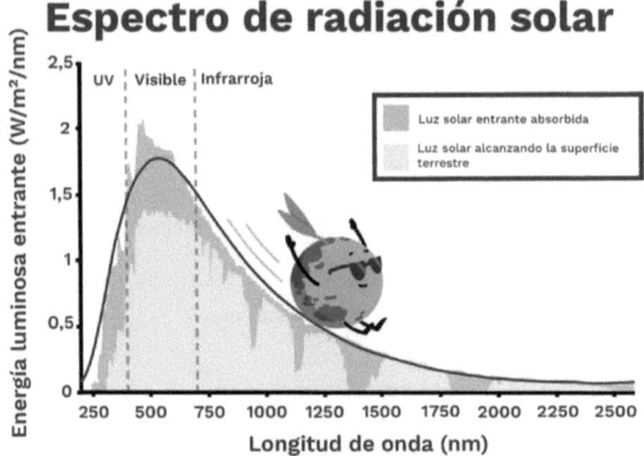

Figura 23. Espectro da radiação solar (Climate Science, n.d.).

- Agricultura: A quantidade de irradiância solar influencia a fotossíntese e, portanto, o crescimento das plantas e a produtividade agrícola (Monteith & Unsworth, 2013).

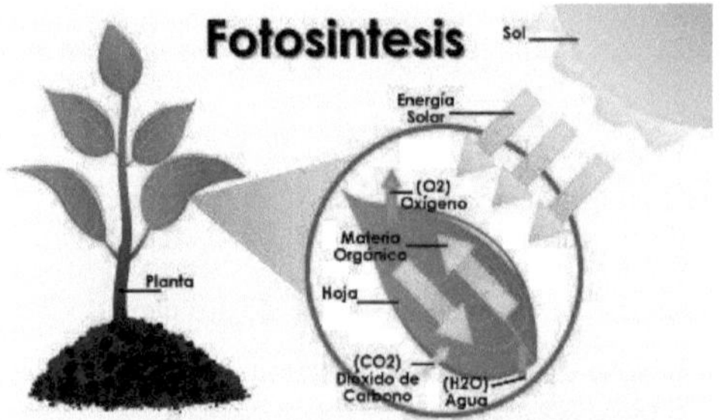

Figura 24. Importância da irradiância solar na fotossíntese e na produção de mudas (Proain, n.d.).

2.11 Ponto focal dos tubos de vácuo de um aquecedor solar

O ponto focal num aquecedor solar é o local onde os raios solares convergem depois de serem reflectidos ou refractados por uma superfície ou lente parabólica. Este princípio é utilizado em vários tipos de aquecedores solares, incluindo colectores de concentração, para maximizar a eficiência da recolha de energia solar (Duffie & Beckman, 2013).

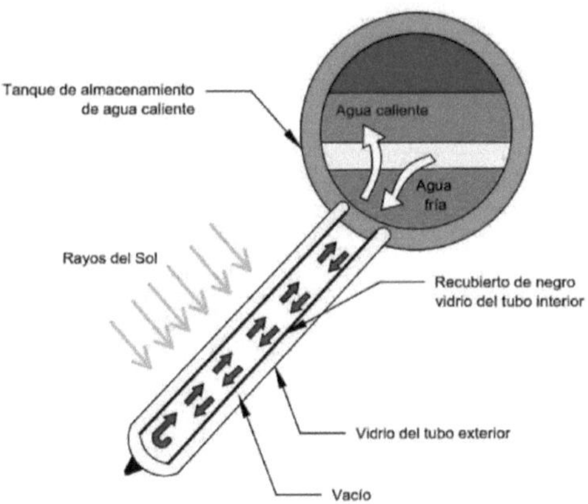

Figura 25. Funcionamento de um aquecedor solar de água de tubo evacuado Renewable Alternative, 2016).

Colectores parabólicos: Utilizam espelhos parabólicos para concentrar os raios solares num tubo recetor localizado no ponto focal da parábola. O fluido que flui através do tubo absorve o calor e transfere-o para um sistema de armazenamento ou diretamente para um ponto de utilização (Kalogirou, 2014).

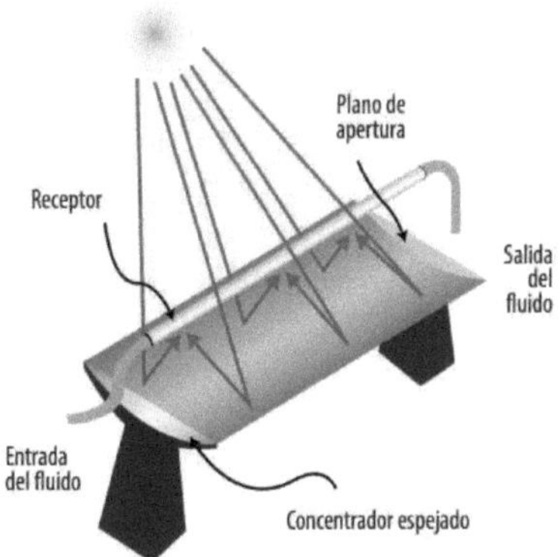

Figura 26. Funcionamento das calhas parabólicas (Ávila, J., 2017).

Colectores Fresnel: Estes utilizam um conjunto de espelhos planos dispostos num ângulo para focar os raios solares num recetor fixo. Estes colectores também se baseiam no princípio do ponto focal para aumentar a densidade da energia solar no recetor (Lovegrove & Stein, 2012).

As aplicações do ponto focal em aquecedores solares são apresentadas de seguida.

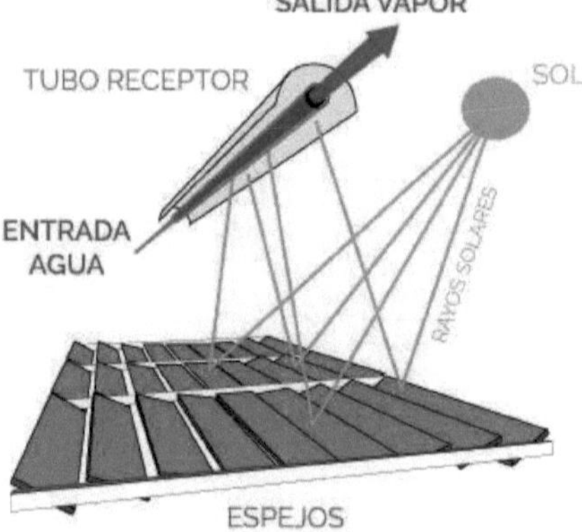

Figura 27. Funcionamento dos colectores de Fresnel (RESSSPI, s.d.).

Produção de eletricidade: Os sistemas de concentração de energia solar que utilizam pontos focais são essenciais nas centrais térmicas solares. Estes sistemas aquecem um fluido térmico que é depois utilizado para gerar vapor e acionar turbinas para a produção de eletricidade (Zarza et al., 2004).

Figura 28. Torre central para produção de eletricidade (Keeui, 2021).

Aquecimento de água: Em aplicações domésticas e industriais, a energia solar concentrada é utilizada para aquecer água a altas temperaturas, reduzindo a dependência de combustíveis fósseis e diminuindo os custos de energia (Mekhilef et al., 2011).

Figura 29. Fotografia e funcionamento de um aquecedor solar de água. Representando a água quente em vermelho e a água fria em azul (Ciencia UNAM, n.d.).

Processos industriais: Os processos que requerem calor a alta temperatura, como a dessalinização, a pasteurização e a esterilização, podem beneficiar da utilização de aquecedores solares com pontos focais para uma fonte de calor sustentável e eficiente (Horta, Mendes & Monteiro, 2018).

Figura 30. Projeto de uma bomba de calor para aquecimento industrial (Ingelcia, n.d.).

2.12 Concentrador solar

Um concentrador solar é um sistema ótico que foca a radiação solar incidente numa pequena área, aumentando a sua densidade de potência. Existem vários tipos de concentradores solares, cada um com as suas próprias caraterísticas e aplicações específicas (Kalogirou, 2014).

- Concentradores lineares: Estes incluem colectores de calha parabólica e colectores de fresnel linear. Estes sistemas concentram a luz solar ao longo de uma linha focal.

Figura 31. Sistema linear de concentração de energia solar (Eurostar Solar, n.d.).

- Concentradores pontuais: Estes incluem pratos parabólicos e helióstatos em centrais de torres solares. Estes sistemas concentram a luz solar num ponto focal.

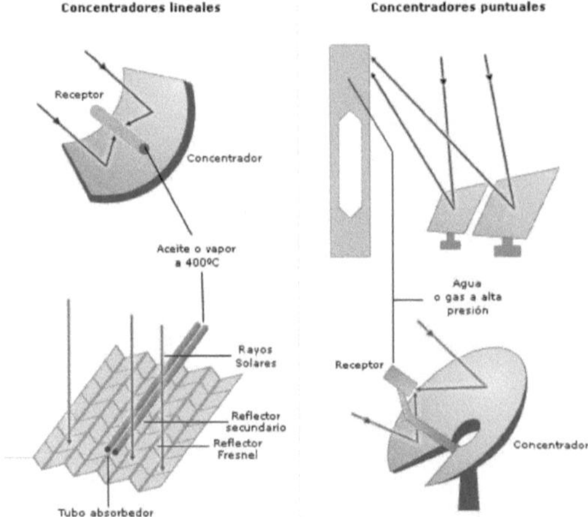

Figura 32. Esquema de concentradores pontuais (The Morning Star G2, n.d.).

- Concentradores sem imagem: Tais como os concentradores do tipo CPC (Compound Parabolic Concentrator), que não formam imagens, mas são eficientes na captação da radiação solar difusa e direta.

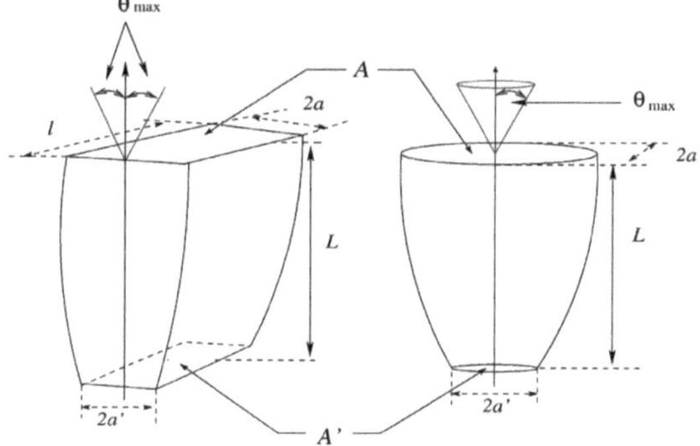

Figura 32. Diagrama em perspetiva dos concentradores sem imagem, a) Concentrador Parabólico Composto (CPC) em 2D, b) CPC em 3D (S., S. & Del Río, Jesus, 2009).

Tipos de concentradores solares Colectores cilíndrico-parabólicos:

Utilizam espelhos parabólicos para concentrar a luz solar ao longo de um tubo recetor. São normalmente utilizados em centrais térmicas solares.

Capazes de atingir temperaturas elevadas, adequadas para gerar vapor e eletricidade (Duffie & Beckman, 2013).

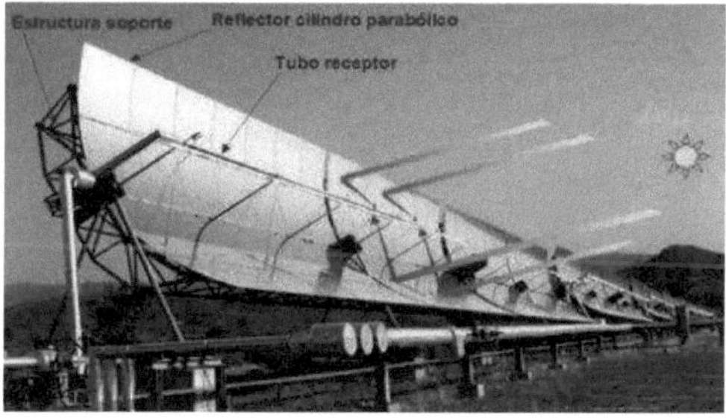

Figura 33. Tecnologia de concentradores de calha parabólica (The Morning Star G2, 2012).

Discos parabólicos:

Utilizam um refletor parabólico para focar a luz solar num recetor localizado no ponto focal. Elevada eficiência de concentração, adequada para aplicações que requerem temperaturas elevadas (Wagner & Gilman, 2011).

Figura 34. Fotografia de um concentrador solar de prato parabólico (Solar Concentration, n.d.). Helióstatos e torres solares:

Utilizam espelhos planos (helióstatos) para direcionar a luz solar para um recetor localizado no topo de uma torre. Utilizadas em centrais solares de torre, capazes de produzir eletricidade em grande escala (Kalogirou, 2014).

Figura 35. Fotografia de um concentrador solar constituído por helióstatos (GMD Sol, n.d.).

Concentradores de Fresnel:

Utilizam vários espelhos planos para concentrar a luz solar num recetor linear.
Conceção mais simples e menos dispendiosa em comparação com as calhas parabólicas (Pihl & Boulay, 2012).

Figura 36. Concentrador solar de Fresnel (Hogarsense, n.d.)

Concentradores do tipo CPC:

Captam tanto a radiação direta como a difusa. Não formam imagens, mas são muito eficientes na captação da luz (Rabl, 1985).

Figura 37. Concentrador solar tipo CPC Fordecyt-IER UNAM, n.d.)

Princípios de funcionamento

O princípio de funcionamento dos concentradores solares baseia-se nas leis da ótica, especificamente na reflexão e refração da luz. Os principais componentes de um concentrador solar incluem:

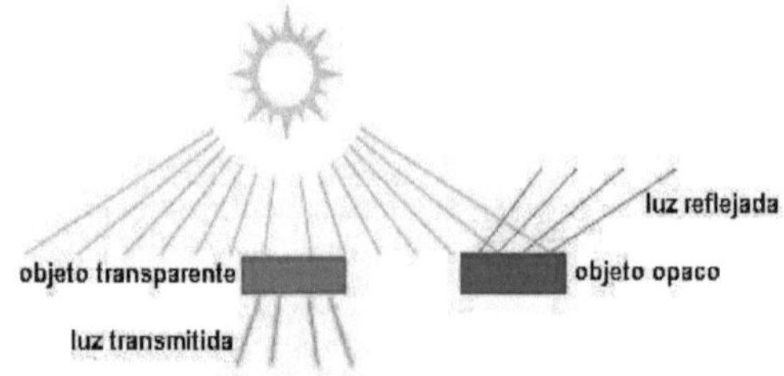

Figura 38. Reflexão e refração da luz (Medium, 2019).

- Reflectores: Superfícies espelhadas que reflectem e concentram a luz solar no recetor.

Figura 39. Espelhos gigantes usados como reflectores no inverno, na Noruega (ArchDaily, 2013).

- Receptores: Superfícies ou dispositivos que absorvem a energia solar concentrada e a convertem em calor ou eletricidade.

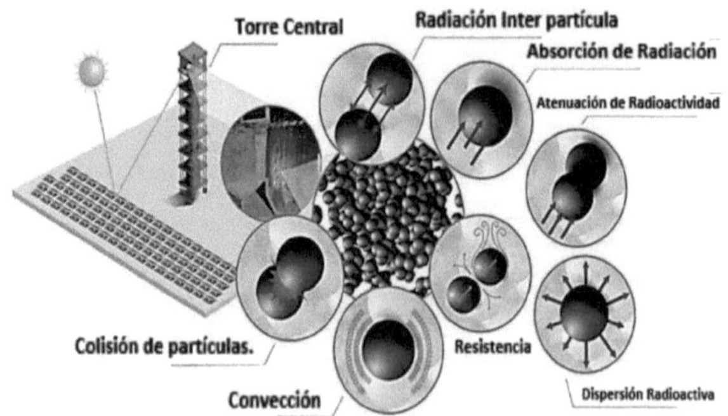

Figura 40. Conceptualização da nova geração de receptores de partículas de energia solar concentrada (Ecoinventos, 2018).

- Seguimento solar: Sistemas que ajustam a orientação do concentrador para seguir a trajetória do sol, maximizando a captação de energia (Masters, 2004).

Figura 41. Sistema de seguimento solar (Solar Energy, n.d.).

2.13 Concentrador Fresnel

Os concentradores Fresnel são uma tecnologia avançada no domínio da energia solar que permite a concentração da luz solar através de múltiplos espelhos planos ou prismas. A sua conceção simplificada e a sua capacidade de reduzir os custos de fabrico e manutenção tornam-nos atractivos para uma variedade de aplicações solares térmicas e fotovoltaicas. Estes concentradores têm o nome do físico francês Augustin-Jean Fresnel, conhecido pelos seus contributos para a ótica. Um concentrador de Fresnel é um sistema ótico que utiliza múltiplos espelhos planos (ou lentes) dispostos de forma a concentrar a luz solar num recetor linear ou pontual. A principal vantagem dos concentradores de Fresnel é a sua conceção modular e o seu custo mais baixo em comparação com os sistemas parabólicos tradicionais (Kalogirou, 2014).

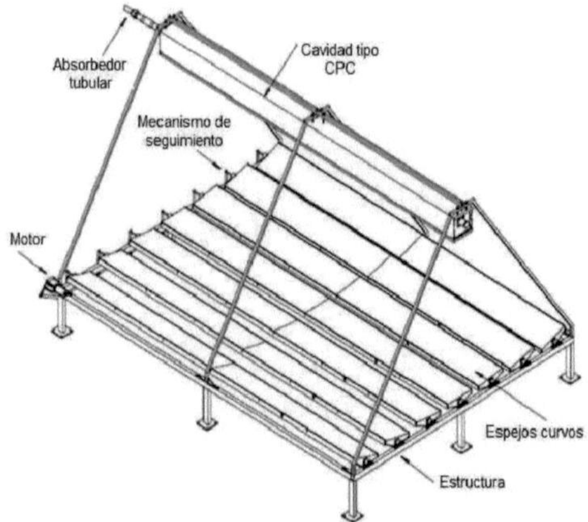

Figura 42. Concentrador Fresnel linear com espelhos curvos e cavidade CPC (Lara, F. et al, 2012).

Reflectores Fresnel lineares:

Utilizam uma série de espelhos planos para concentrar a luz solar num tubo recetor fixo. Podem seguir o movimento do sol ao longo de um eixo (seguimento uniaxial) ou em dois eixos (seguimento biaxial).

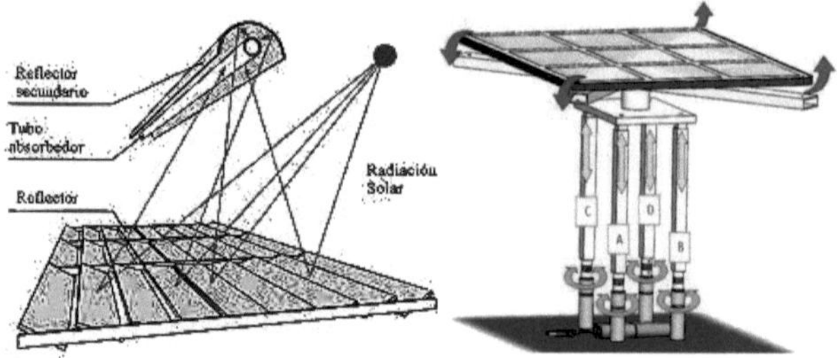

Figura 47. Refletor de Fresnel linear monoaxial e biaxial por ordem de aparecimento (Tecpa, n.d.).

Lentes de Fresnel:

Utilizam uma série de prismas ou segmentos de lentes dispostos num padrão circular para concentrar a luz solar. São normalmente utilizados em aplicações fotovoltaicas concentradas (CPV).

Figura 48. Fotografia da configuração de uma lente de Fresnel (Made in China, n.d.).

Princípios de funcionamento

O princípio de funcionamento dos concentradores de Fresnel baseia-se na reflexão e refração da luz solar:

Espelhos planos:

Os espelhos planos estão dispostos em filas e cada um é colocado num ângulo específico para dirigir a luz solar para um recetor central. A configuração dos espelhos permite que o sistema seja mais compacto e mais fácil de fabricar do que os concentradores parabólicos (Pihl & Boulay, 2012).

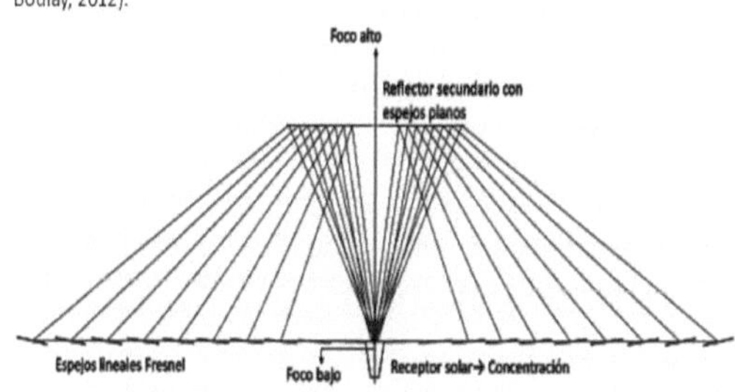

Figura 49. Diagrama da configuração dos espelhos de reflexão plana (Madrimasd, 2021).

Lentes de Fresnel:

As lentes de Fresnel são compostas por uma série de segmentos de lentes que são mais finos do que uma lente convencional, reduzindo o volume e o peso. Estas lentes concentram a luz solar num pequeno ponto focal, aumentando a intensidade da radiação nas células solares (Rabl, 1985).

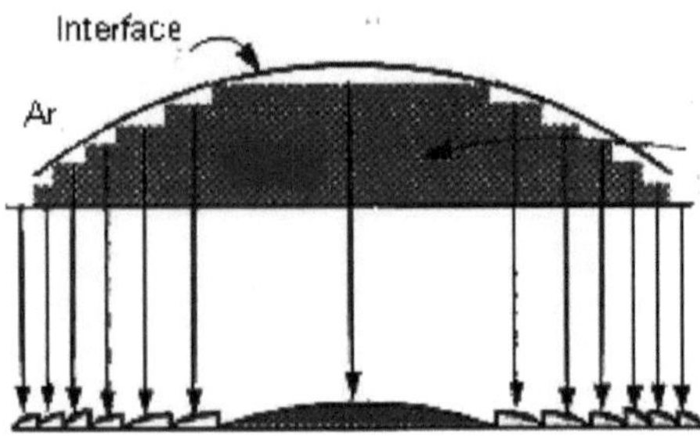

Figura 50. Esquema da estrutura de uma lente de Fresnel (100cía en casa, 2012).

Vantagens:

- Custo reduzido: Menor custo de fabrico devido à utilização de materiais planos e de fácil fabrico.
- Design modular: Permite uma fácil escalabilidade e manutenção do sistema.
- Flexibilidade de conceção: Pode ser integrado em várias configurações e aplicações solares.

Desvantagens:

Eficiência ótica inferior: Pode ter uma eficiência ótica ligeiramente inferior em comparação com os sistemas parabólicos devido a perdas por reflexão e dispersão: Requer um sistema de seguimento solar preciso para maximizar a captação de energia.

Aplicações do concentrador Fresnel

Centrais térmicas solares: Utilizadas para gerar vapor para alimentar turbinas para a produção de eletricidade. Adequadas para aplicações em grande escala devido à sua capacidade de concentrar grandes quantidades de energia solar (Kalogirou, 2014).

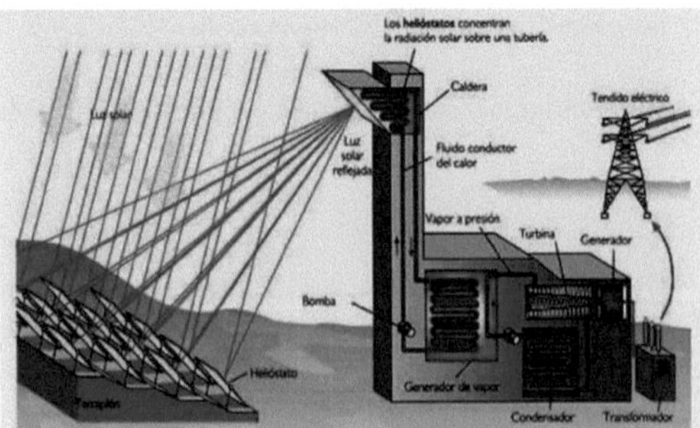

Figura 51. Central de energia solar térmica (Canaltic, n.d.).

Sistemas fotovoltaicos concentrados (CPV):

Utilização de lentes de Fresnel para focar a luz solar em células solares de alta eficiência. Melhora a eficiência de conversão e reduz o custo por watt de energia produzida (Leutz & Suzuki, 2001).

Figura 52. Fotografias da aplicação de sistemas fotovoltaicos concentrados (CPV) Eco Solar Esp., n.d.).

Aquecimento de fluidos:

Aplicações industriais para aquecimento de água ou óleo em processos que requerem temperaturas elevadas. Vantagens em termos de eficiência e redução dos custos de funcionamento.

Desafios e oportunidades

Desafios:

- Precisão do seguimento solar: A eficiência do sistema depende muito da precisão do seguimento solar.
- Condições atmosféricas: A variabilidade das condições atmosféricas pode afetar a eficiência da concentração.

Oportunidades:

- Inovações tecnológicas: Desenvolvimento de materiais reflectores e de lentes mais eficientes.
- Integração de sistemas híbridos: Combinação com outras tecnologias de energias renováveis para melhorar a fiabilidade e a produção de energia.

2.14 Caraterísticas da água estagnada e da água da precipitação

As águas paradas são massas de água que estão em repouso sem fluxo significativo. Exemplos comuns incluem lagoas, charcos, poças e reservatórios onde a água não circula. Estas águas podem surgir de fontes naturais, como a acumulação de precipitação, ou de fontes artificiais, como a recolha de água em estruturas construídas pelo homem (Smith, 2020.).

Figura 53. Fotografias de massas de água parada (Tunes, S., 2020).

Caraterísticas:

- Falta de movimento: A principal caraterística da água estagnada é a ausência de movimento ou circulação, o que faz com que a água permaneça no mesmo sítio durante um período de tempo prolongado.

Figura 54. Canal Nacional na Cidade do México, mostrando água sem movimento (León, A., 2020).

- Proliferação de microorganismos: Devido à falta de movimento, estas águas são propensas à proliferação de bactérias, algas e outros microorganismos que podem afetar a sua qualidade.

Figura 55. Água parada em Navojoa (Castellón, J., 2022).

- Baixo nível de oxigénio: A estagnação da água conduz frequentemente a um baixo nível de oxigénio dissolvido, o que pode afetar a vida aquática e promover condições anaeróbias que conduzem a odores.

Figura 56. Lago onde se começam a notar problemas de eutrofização devido aos baixos níveis de oxigénio dissolvido (Rodríguez, H., 2022).

- Risco de contaminação: A água parada pode acumular poluentes, tais como detritos, produtos químicos e matéria orgânica, o que a pode tornar insalubre e perigosa para o consumo humano e animal.

Figura 57. Rio na Nigéria mostrando estagnação e poluição (Kashi, E., 2024).

Conceito e caraterísticas da água da chuva

Conceito:

A água da chuva, também conhecida como água pluvial, é a água que cai na terra durante a precipitação. Esta água pode ser recolhida e utilizada para diferentes fins, como a irrigação, a recarga de aquíferos ou, com tratamento adequado, para consumo humano (Garcia, 2017).

Caraterísticas:

- Disponibilidade sazonal: As águas pluviais estão disponíveis em função dos padrões climáticos, o que as torna uma fonte de água sazonal.

Figura 58. Imagem ilustrativa da captação de água disponível na época das chuvas (Oliver, C., n.d.).

- Qualidade variável: A qualidade das águas pluviais pode variar significativamente em função da atmosfera, das superfícies sobre as quais incidem e dos poluentes transportados.

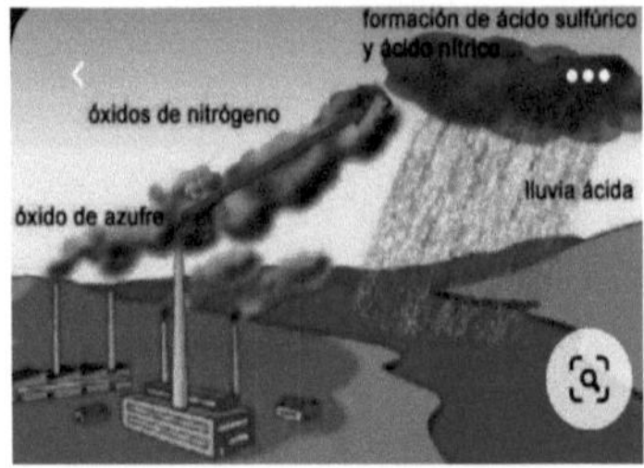

Figura 59. Formação da chuva ácida pela poluição atmosférica (Roucau, M., s.d.).

- Potencial de recolha: As águas pluviais podem ser recolhidas dos telhados e de outras superfícies duras, utilizando sistemas de captação que permitem o seu armazenamento e posterior utilização.

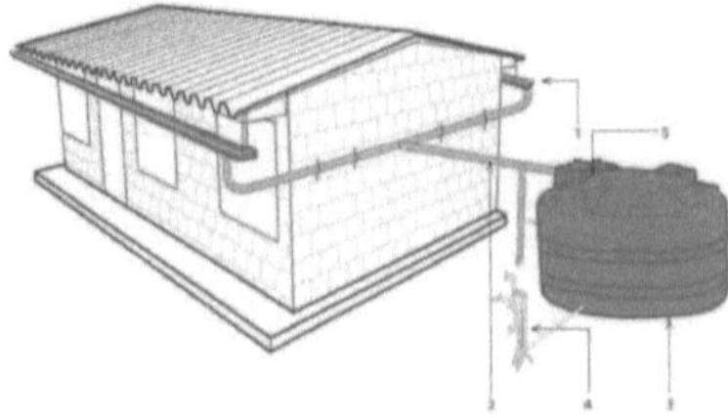

Figura 60. Recolha de águas pluviais implementada em (JAPAC, 2018).

- Menor poluição inicial: Embora possam transportar poluentes do ar e das superfícies, as águas pluviais têm geralmente menos poluentes do que outras fontes de água, como as águas superficiais ou subterrâneas.

Figura 61. Funcionamento de canais de captação de água da chuva, mostrando a cristalinidade da água captada (Tricanal, s.d.).

2.15 NOM-003-SEMARNAT- 1997

A Norma Oficial Mexicana NOM-003-SEMARNAT-1997 tem como objetivo estabelecer os limites máximos admissíveis de poluentes nas águas residuais tratadas que são reutilizadas nos serviços públicos. Esta norma é essencial para garantir que a reutilização de águas residuais tratadas não representa um risco para a saúde pública e para o ambiente.

Esta norma aplica-se a:

- Entidades públicas e privadas que tratam e reutilizam águas residuais em serviços públicos.
- Utilizações específicas, como a irrigação de áreas verdes, campos de golfe e na agricultura.
- Lavagem de ruas e de veículos.
- Recarga de aquíferos, entre outros.

Parâmetros e limites máximos admissíveis

A norma estabelece limites máximos admissíveis para vários poluentes nas águas residuais tratadas. Estes limites destinam-se a proteger a saúde pública e o ambiente. Os principais parâmetros incluem:

Microbiológico:

- Coliformes fecais: Menos de 1.000 NMP/100 ml.
- Helmintos: Menos de 1 ovo/L.

Físico-químicos:

- Sólidos totais em suspensão (SST): Máximo de 30 mg/L.
- Carência bioquímica de oxigénio (CBO5): Máximo 20 mg/L.

Metais pesados e outros compostos:

- Arsénio (As): Máximo de 0,1 mg/L.
- Cádmio (Cd): Máximo 0,01 mg/L.
- Crómio total (Cr): Máximo de 0,1 mg/L.
- Chumbo (Pb): Máximo de 0,2 mg/L.
- Mercúrio (Hg): Máximo de 0,001 mg/L.

Metodologia de amostragem e análise

A NOM-003-SEMARNAT-1997 especifica os métodos de amostragem e de análise a utilizar para medir os níveis de poluentes nas águas residuais tratadas. Estes métodos são coerentes com as normas nacionais e internacionais para garantir a exatidão e a fiabilidade dos resultados. Amostragem: A amostragem deve ser efectuada de forma representativa e em pontos específicos do sistema de tratamento de águas residuais. Recomenda-se a utilização de procedimentos normalizados para evitar a contaminação e a deterioração das amostras. Análise: As análises devem ser efectuadas por laboratórios acreditados, utilizando métodos validados. Os resultados devem ser comunicados às autoridades competentes de acordo com os procedimentos estabelecidos (Secretaría de Medio Ambiente y Recursos Naturales, 2021).

2.16 NOM-001-SEMARNAT- 2021

A Norma Oficial Mexicana NOM-001-SEMARNAT-2021 estabelece os limites máximos admissíveis de poluentes nas descargas de águas residuais em corpos receptores de águas nacionais. O seu objetivo é proteger a qualidade dos recursos hídricos e preservar o ambiente e a saúde pública.

Estas são algumas das aplicações da norma:

- Fontes estacionárias, tais como fontes industriais, comerciais, de serviços ou municipais.
- Qualquer outra fonte que descarregue águas residuais em massas receptoras de águas nacionais.

Parâmetros e limites máximos admissíveis

A norma define limites máximos admissíveis para uma série de poluentes. Estes limites aplicam-se às descargas de águas residuais em rios, lagos, lagoas, estuários e águas marinhas, entre outras massas receptoras.

Parâmetros físico-químicos:

- Carência bioquímica de oxigénio (CBO5): Máximo 75 mg/L.
- Sólidos totais em suspensão (TSS): Máximo 75 mg/L.
- Carência química de oxigénio (CQO): Máximo de 150 mg/L.
- Gorduras e óleos: Máximo 15 mg/L.
- pH: Entre 5 e 10 unidades.

Metais pesados e outros poluentes:

- Arsénio (As): Máximo de 0,2 mg/L.
- Cádmio (Cd): Máximo 0,01 mg/L.
- Cobre (Cu): Máximo de 4 mg/L.
- Crómio total (Cr): Máximo 1 mg/L.
- Chumbo (Pb): Máximo de 0,2 mg/L.
- Mercúrio (Hg): Máximo de 0,01 mg/L.

Outros parâmetros relevantes:

- Azoto total: Máximo 15 mg/L.
- Fósforo total: Máximo 5 mg/L.
- Coliformes fecais: Máximo de 1.000 NMP/100 ml.

Metodologia de amostragem e análise

A norma especifica os procedimentos de amostragem e análise das águas residuais para garantir a exatidão e a fiabilidade dos resultados:
Amostragem: A amostragem deve ser efectuada de forma representativa e em pontos específicos do sistema de descarga. Exige a aplicação de procedimentos normalizados para evitar a contaminação e garantir a integridade das amostras (Secretaría de Medio Ambiente y Recursos Naturales, 1997).
Análises: As análises devem ser efectuadas por laboratórios acreditados que utilizem métodos validados. Os resultados devem ser comunicados ao Ministério do Ambiente e dos Recursos Naturais.
Recursos Naturais (SEMARNAT) e outras autoridades competentes (Secretaría de Medio Ambiente y Recursos Naturales, 2021).

2.17 NOM-127-SSA1- 2021

A Norma Oficial Mexicana NOM-127-SSA1-2021 estabelece os limites de qualidade admissíveis e o tratamento da água potável para uso e consumo humano. Esta norma é fundamental para garantir que a água fornecida à população é segura e adequada para consumo humano, protegendo a saúde pública.

Esta norma aplica-se a:

- Todos os sistemas de abastecimento de água para uso e consumo humano, tanto públicos como privados.
- Operadores e prestadores de serviços de água potável, incluindo municípios, operadores e concessionários.

Parâmetros e limites máximos admissíveis

A NOM-127-SSA1-2021 especifica os limites máximos admissíveis para uma variedade de contaminantes microbiológicos, físicos, químicos e radioactivos. Estes parâmetros são essenciais para garantir a qualidade da água potável.

Parâmetros microbiológicos:

- Coliformes totais: 0 em 100 ml.
- Escherichia coli (E. coli): 0 em 100 ml.

Parâmetros físico-químicos:

- Turbidez: Não superior a 5 NTU (unidades nefelométricas de turvação).
- pH: Entre 6,5 e 8,5.
- Cor verdadeira: Não mais de 15 unidades de cor.

Metais pesados e outros contaminantes químicos:

- Arsénio (As): Máximo de 0,025 mg/L.
- Cádmio (Cd): Máximo 0,003 mg/L.
- Crómio (Cr): Máximo de 0,05 mg/L.
- Chumbo (Pb): Máximo de 0,01 mg/L.
- Mercúrio (Hg): Máximo de 0,001 mg/L.
- Nitratos (NO3): Máximo 10 mg/L.
- Fluoretos (F): Máximo 1,5 mg/L.

Poluentes orgânicos:

- Benzeno: Máximo de 0,01 mg/L.
- Tetracloreto de carbono: Máximo 0,002 mg/L.
- Clorofórmio: Máximo 0,07 mg/l.

Parâmetros radioactivos:

- Alfa total: Máximo de 0,1 Bq/L (Becquerel por litro).
- Beta total: Máximo 1,0 Bq/L.

Metodologia de amostragem e análise

A norma especifica os procedimentos de amostragem e análise da água potável para garantir a exatidão e a fiabilidade dos resultados:

Amostragem: A amostragem deve ser efectuada de forma representativa e em pontos específicos do sistema de abastecimento. Devem ser seguidos procedimentos normalizados para evitar a contaminação e garantir a integridade da amostra. Análise: As análises devem ser efectuadas por laboratórios acreditados que utilizem métodos validados. Os resultados devem ser comunicados ao Ministério da Saúde e a outras autoridades competentes (Ministério da Saúde, 2021).

2.18 NOM-230-SSA1- 2002

A Norma Oficial Mexicana NOM-230-SSA1-2002 estabelece os requisitos sanitários que os sistemas de abastecimento de água para uso e consumo humano devem cumprir. O seu principal objetivo é proteger a saúde da população, garantindo que a água fornecida é segura e livre de contaminantes.

Esta norma aplica-se a:

- Todos os sistemas públicos e privados de abastecimento de água potável.
- Operadores e prestadores de serviços de água potável, incluindo municípios, operadores e concessionários.

Requisitos de saúde

A NOM-230-SSA1-2002 especifica uma série de requisitos que os sistemas de abastecimento de água devem cumprir para garantir a qualidade e a segurança da água. Estes requisitos incluem:

Controlo e monitorização da qualidade da água:

- Efetuar análises microbiológicas, físicas e químicas da água em diferentes pontos do sistema de distribuição.
- Monitorizar regularmente a qualidade da água para detetar qualquer desvio em relação aos parâmetros estabelecidos.

Infra-estruturas e funcionamento:

- Captação: Assegurar que as fontes de água (poços, nascentes, rios) são protegidas da contaminação.

- Tratamento: Aplicar processos de potabilização adequados, incluindo coagulação, floculação, sedimentação, filtração e desinfeção.

- Armazenamento: Manter os tanques e reservatórios em condições higiénicas e proceder a limpezas regulares.

- Distribuição: Assegurar que as redes de distribuição estão em boas condições e não apresentam fugas ou contaminação cruzada.

Desinfeção:

- Manter um nível residual de cloro livre na água distribuída entre 0,2 e 1,5 mg/L para garantir uma desinfeção contínua.

- Efetuar controlos regulares do nível de cloro em diferentes pontos da rede de distribuição.

Manutenção e saneamento:

- Realizar programas de manutenção preventiva e corretiva em todas as instalações do sistema de abastecimento.

- Aplicar medidas de saneamento básico nas zonas circundantes das fontes e das estações de tratamento.

Formação e pessoal:

- Formar o pessoal responsável pela gestão e exploração dos sistemas de abastecimento de água em boas práticas de higiene e de gestão da água.

- Dispor de pessoal qualificado para a exploração e manutenção dos sistemas de tratamento e distribuição.

Metodologia de amostragem e análise

A norma especifica os procedimentos de amostragem e análise da água potável para garantir a exatidão e a fiabilidade dos resultados:

Amostragem: A amostragem deve ser efectuada de forma representativa em diferentes pontos do sistema de abastecimento, incluindo a fonte, o armazenamento e a rede de distribuição.

Análises: As análises devem ser efectuadas por laboratórios acreditados, utilizando métodos normalizados. Os parâmetros a analisar incluem os coliformes totais, o cloro residual, a turvação, o pH, entre outros (Secretaria de la salud, 2002).

CAPÍTULO III
DESENVOLVIMENTO DE PROJECTOS E SOLUÇÕES PROPOSTAS

3.1 Procedimento para a elaboração do protótipo de desinfeção solar

1. Um recipiente de plástico flexível de 20 L foi pintado com duas camadas de tinta, a primeira com tinta preta mate resistente ao calor e de secagem rápida (Truper R), a segunda camada foi aplicada após a secagem, desta vez com tinta spray preta brilhante resistente ao calor e de secagem rápida. Deixou-se secar durante 10 minutos.

Figura 62. Pintura do jarro.

2. O cilindro foi perfurado com dois orifícios circulares com a ajuda de um berbequim e de uma serra de furos de 1/8 mm, que foram medidos com uma inclinação de 23°, foram colocadas as juntas dos tubos evacuados, o que impediu a fuga de pressão.

Figura 63. Perfuração de um jarro

3. Um tubo de PVC de 8 in de diâmetro e 2 m de comprimento foi cortado ao meio e um corte de 4 in foi determinado com uma máquina de polir com um disco de 155 m (Pretul R). Em seguida

De seguida, os dois exteriores dos tubos foram pintados com duas camadas de tinta preta, uma mate e outra brilhante, respeitando os tempos de secagem de 3 min. Estes são os chamados concentradores térmicos.

Figura 64. Corte e pintura de tubos utilizados como concentradores solares.

4. Após o tempo de secagem dos tubos, o interior dos tubos foi revestido com alumínio (concentradores térmicos prontos).

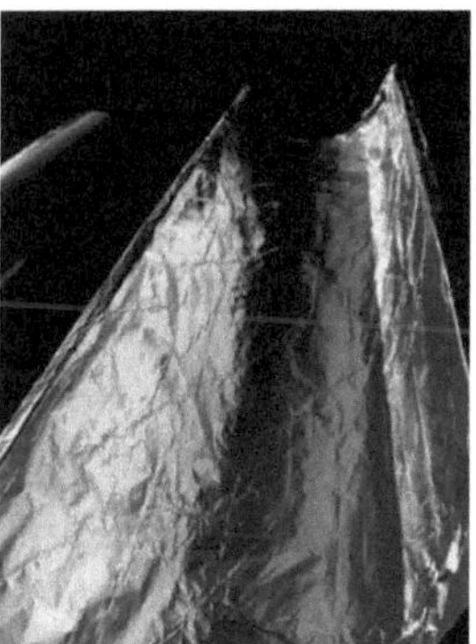

Figura 65. Revestimento em folha dos concentradores.

5. Após todo o processo de preparação do material, iniciou-se o processo de montagem das peças, em que o jarro foi colocado sobre uma base de 50 cm de altura onde foram ligados os tubos evacuados a 23° de inclinação onde são montados os concentradores térmicos da mesma forma. com um grau de inclinação de 23° suspensos entre si, resultando numa inclinação de 23°.

Figura 66. Montagem do protótipo

6. Após a montagem, foi adicionada água até um total de 30 L e ligada à parte destilada do tanque, onde o processo de destilação foi deixado a decorrer e atingiu uma temperatura de > 100°.

Figura 67. Arranque do protótipo

7. Uma vez terminado o processo ou tempo de luz solar, que vai das 10 às 16 horas, a água é retirada e armazenada.

3.2 Determinação da química do oxigénio em águas naturais, águas residuais tratadas e águas residuais tratadas (COD-TS).

No âmbito do desenvolvimento do protótipo de desinfeção solar de águas estagnadas e pluviais, foi realizado um ensaio de carência química de oxigénio (CQO), desenvolvido segundo a metodologia NMX-AA-030/2-SFCI-2011, para avaliar a sua eficácia na melhoria da qualidade da água. O teste de CQO mede a quantidade de oxigénio necessária para oxidar a matéria orgânica presente na água, fornecendo uma indicação do nível de contaminação orgânica.

Este teste foi efectuado para verificar a eficácia do protótipo na remoção de contaminantes e para garantir que a água tratada cumpre as normas de saúde e segurança. Os resultados obtidos permitem ajustar e otimizar a conceção do sistema, garantindo que se trata de uma solução viável e eficaz para comunidades com acesso limitado a recursos económicos e tecnológicos.

- A metodologia seguinte foi efectuada com base na norma NMX-AA-030/2-SCFI-2011, na qual foi preparada uma solução de dicromato de potássio, solução de referência certificada (quando aplicável), c (K_2Cr2O_7) = 0,10 mol/L (intervalo até 1 000 mg/L CQO-T). Dissolver (29,418 ± 0,005) g de dicromato de potássio (seco a 105 °C durante 2 h ± 10 min) em cerca de 600 mL de água num copo. Adicionaram-se cuidadosamente 160 ml de ácido sulfúrico concentrado (ver 6.4.1) e agitou-se. Deixou-se arrefecer e diluiu-se para 1 000 ml num balão volumétrico. A solução é estável durante pelo menos seis meses.

Figura 68. Dicromato de potássio, utilizado para a preparação dos frascos de CQO.

- A metodologia seguinte foi efectuada com base no documento NMX-AA-030/2-SCFI-2011, a partir do qual foi preparada uma solução de sulfato de prata em ácido sulfúrico, c [$Ag_{(2)}SO_4$] = 0,038 5 mol/L. Dissolver (24,0 ± 0,1) g de sulfato de prata em 2 L de ácido sulfúrico concentrado (ver 6.4.1). Quando se obtém uma solução satisfatória, agita-se a mistura inicial. Deixou-se repousar durante uma noite e agitou-se de novo para dissolver todo o sulfato. A solução foi armazenada num frasco de vidro escuro, protegido da luz solar direta. A solução é estável durante doze meses.

Figura 69. Solução de dicromato de potássio, frascos de CQO e soluções-padrão de ftalato ácido de potássio para a preparação da curva de calibração.

- A metodologia seguinte foi efectuada com base na norma NMX-AA-030/2-SCFI-2011, na qual foi preparada uma solução-mãe de referência de concentração mássica de ftalatos. Hidrogénio ftalato de potássio (KHP) [C_6H_4(COOH) (COOK)], e (COD-TS) de 10 000 mg/L. Dissolver (4,251± 0,002) g de ftalato de hidrogénio e potássio, previamente seco a (105 ± 5) °C durante 2 h ± 10 min em cerca de 350 mL de água (ver 6.1). Diluiu-se com água até 500 ml num balão volumétrico. A diluição foi então armazenada sob refrigeração a uma temperatura entre 2 °C e 8 °C e foram preparadas novas diluições todos os meses. Esta diluição está disponível comercialmente. 6.8.2 Soluções de referência para calibração instrumental, com valores de massa e de concentração (TSS-CCD) de 200 mg/L, 400 mg/L, 600 mg/L, 800 mg/L e 1 000 mg/L. Diluíram-se separadamente 20 mL, 40 mL, 60 mL, 80 mL e 100 mL da solução-mãe de referência de concentração mássica de 10 000 mg/L (ver 6.8.1) com 4 mL de ácido sulfúrico diluído (ver 6.4.2) para 1 000 mL com água. Armazenar estas diluições a uma temperatura compreendida entre 2 °C e 8 °C. °C e preparar novas diluições todos os meses (quando aplicável).

Figura 70. Soluções-padrão de hidrogenoftalato de potássio para a preparação da curva de calibração.

- A metodologia que se segue foi efectuada com base na norma NMX-AA-030/2-SCFI-2011, na qual se preparou uma mistura de (0,50 ± 0,01) mL de dicromato de potássio (ver 6.3) em tubos de digestão individuais (ver 7.1.2). Adicionou-se cuidadosamente (0,20 ± 0,01) mL de solução de sulfato de mercúrio (II) (ver 6.5), seguido de (2,50 ± 0,01) mL de sulfato de prata (ver 6.6). Os tubos foram cuidadosamente agitados e depois tapados. Deixou-se repousar durante a noite para arrefecer. Em seguida, agitou-se novamente antes de utilizar. Este reagente preparado é estável durante um ano, armazenado num local escuro à temperatura ambiente.

Figura 71. Frascos para determinação da CQO preparados no laboratório.

- A metodologia que se segue foi realizada com base na NMX-AA-030/2-SCFI-2011 em que os tubos foram selecionados a partir de 3 tubos para cada solução, perfazendo um total de 15 tubos em que foram adicionados a cada tubo 6,5 ml da respectiva solução de 200 mg/L a 1000 mg/L. Os tubos foram então agitados uma última vez e colocados no reator térmico previamente pré-aquecido a 105 °C. Depois de colocar as células mortas juntamente com um branco, foram deixados no reator térmico durante 2 horas.

Figura 72. Adição de hidrogénio ftalato de potássio a diferentes concentrações em frascos para determinação de CQO.

- A seguinte metodologia foi realizada com base na norma NMX-AA-030/2-SCFI-2011, onde após 2 horas as amostras foram retiradas do termo-reator, onde se observou uma mudança de cor mais intensa em relação à cor inicial, antes de as colocar no termo-reator, onde se esperou que as amostras arrefecessem e o ABS foi medido num colorímetro e os resultados foram anotados.

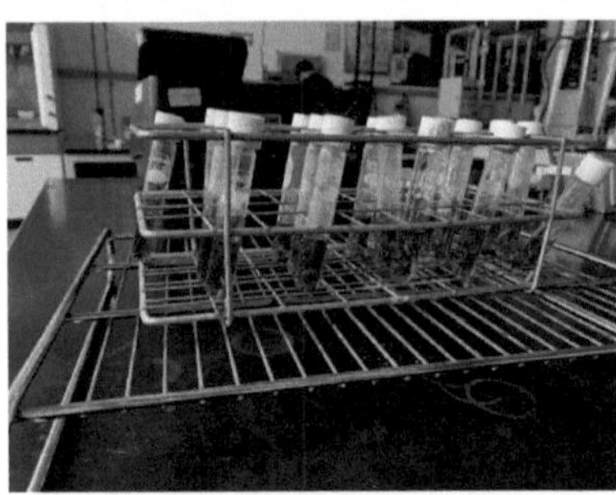

Figura 73. CQO utilizado na curva de calibração, após digestão térmica.

- Primeiro, calibramos o nosso colorímetro com o nosso branco, depois da leitura de 0,000 ABS está pronto para medir as leituras das amostras, em seguida, enxaguamos entre cada uma das leituras, por isso enxaguamos o recipiente 15 vezes e entre intervalos de 3 amostras recalibramos o nosso colorímetro. A metodologia apresentada baseia-se na norma NMX-AA-030/2-SCFI-2011.

Figura 74. Equipamento UV da HACH, para leitura de ABS.

- Após a realização de todas as leituras, foi feita uma curva de calibração com a média de cada 3 leituras das diferentes soluções, que resultou em 99,98, utilizando os dados da tabela gráfica de calibração de CQO. Metodologia baseada na norma NMX-AA-030/2-SCFI-2011.

1000 mg/L	800 mg/L	600 mg/L	400 mg/L	200 mg/L
0.659	0.556	0.579	0.383	0.340
0.662	0.612	0.420	0.392	NA
0.645	0.534	0.446	NA	0.256

Figura 75. Leituras de ABS, curva de calibração.

1000 mg/L	0.65533333
800 mg/L	0.56733333
600 mg/L	0.48166667
400 mg/L	0.3875000
200 mg/L	0.2980000

Figura 76. Leituras médias de ABS, curva de calibração, por concentração.

1000 mg/L	-0.6553
800 mg/L	-0.5673
600 mg/L	-0.4816
400 mg/L	-0.3875
200 mg/L	-0.2980

Figura 77. Dados utilizados para a determinação da curva de calibração.

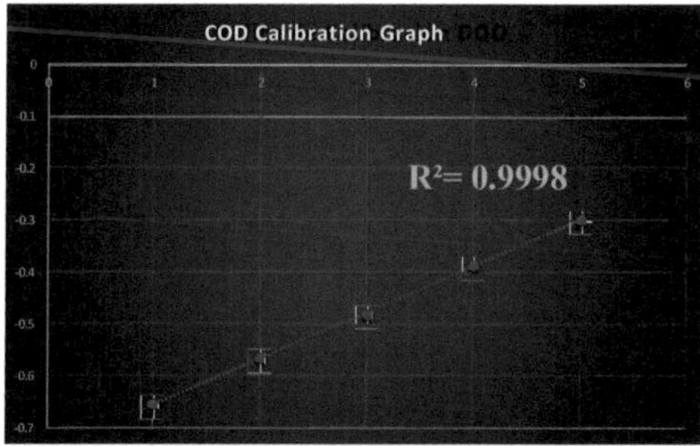

Figura 78. Curva de calibração obtida, com desvio de 0,9998.

- De posse da curva de calibração, foi possível realizar os testes de determinação na água obtida no protótipo de desinfeção solar, onde o resultado foi de 0 mg de Oxigénio /L de água, portanto a água não continha matéria orgânica.

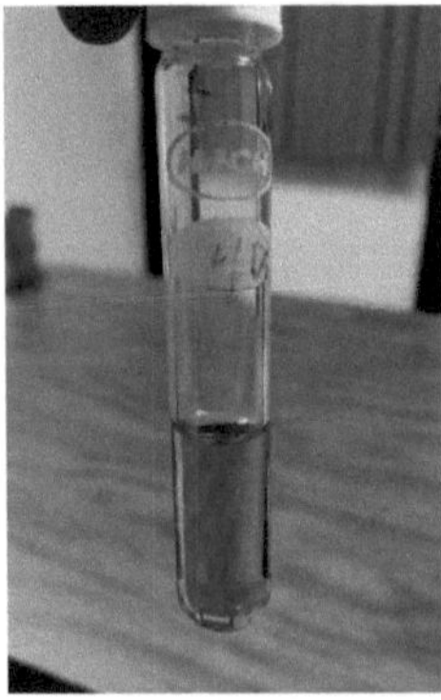

Figura 79. Resultado do teste de CQO da água obtida.

3.3 Medição de sólidos dissolvidos e sais em águas naturais, residuais e residuais tratadas - método de ensaio.

No processo de validação do protótipo de desinfeção solar de águas estagnadas e pluviais, foi realizada a medição de sólidos na água tratada, seguindo a norma NMX- AA-034-SCFI-2015. Este ensaio foi realizado com o objetivo de quantificar a quantidade de sólidos suspensos e dissolvidos presentes na água, o que é essencial para avaliar a eficácia do protótipo na melhoria da qualidade da água e garantir a sua adequação ao consumo humano.Amostragem: Este ensaio foi realizado seguindo a metodologia da NMX-AA-034- SCFI-2015.

- Foi recolhida uma amostra das águas residuais tratadas pelo protótipo.
- A amostra foi etiquetada e armazenada em recipientes limpos para análise posterior.

Figura 80. Amostra de água obtida.

Preparação da amostra de ensaio: Este ensaio foi efectuado segundo a metodologia da norma NMX-AA- 034-SCFI-2015.

- Utilizou-se um copo de 100 ml, previamente lavado e seco, para a determinação.

Figura 81. Medição dos sólidos por tubo de ensaio.

Enchimento de amostras: Este ensaio foi efectuado segundo a metodologia da norma NMX-AA-034- SCFI-2015.

- A amostra de água foi filtrada num filtro, onde o filtro reteve os sólidos em suspensão presentes na água, tendo sido colocados 100 ml de água previamente filtrada.

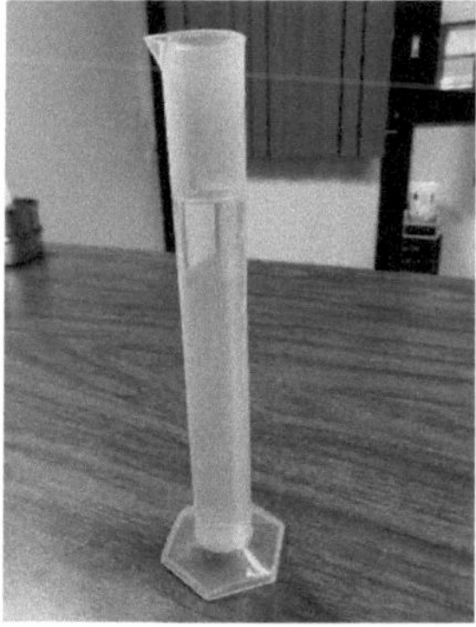

Figura 82. Amostra preparada para a determinação dos sólidos.

Tempo de sedimentação: Este ensaio foi efectuado segundo a metodologia da norma NMX-AA- 034-SCFI-2015.

- A amostra foi deixada em repouso durante 24 horas.

- A amostra foi então tapada para evitar qualquer contaminação ou retenção de outros sólidos.

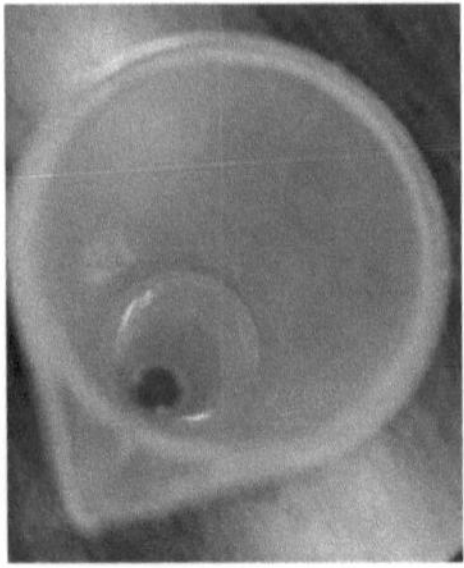

Figura 83. Observa-se água sem sedimentação de sólidos.

Medição de Sólidos Totais Dissolvidos (TDS): Este teste foi realizado seguindo a metodologia da NMX-AA-034-SCFI-2015.

- Depois de deixada em repouso, a nossa amostra foi observada quanto à presença de sólidos.
- Foi observada com a ajuda da luz, que não mostrou quaisquer sólidos. O resultado foi excelente, a água está livre de sólidos e sem contaminação sólida.

Figura 84. Observa-se água completamente isenta de sólidos.

Este ensaio foi realizado com o objetivo de avaliar os sólidos de acordo com a norma NMX-AA-034- SCFI-2015 e avaliou com precisão a capacidade do protótipo de desinfeção solar para reduzir os sólidos na água tratada. Este facto foi crucial para garantir que a água resultante cumpria os padrões de qualidade necessários para consumo, contribuindo assim para a melhoria da qualidade de vida em comunidades com acesso limitado a água potável.

3.4 Análise da água Medição do pH em águas naturais, residuais e residuais tratadas Método de ensaio (NMX-AA-008-SCFI-2011).

Na validação do protótipo de desinfeção solar para águas estagnadas e pluviais, o pH da água tratada foi medido de acordo com a norma NMX-AA-008-SCFI-2011. Este teste foi efectuado para determinar a acidez ou alcalinidade da água, um parâmetro chave na avaliação da sua potabilidade. A manutenção de um pH adequado é essencial para garantir que a água é segura para consumo humano e não apresenta condições corrosivas ou insalubres.

Recolha de amostras: Este ensaio foi efectuado segundo a metodologia da norma NMX-AA-008-SCFI-2011.

- Foi recolhida uma amostra de água do nosso protótipo.
- A amostra foi armazenada em recipientes limpos e rotulados para uma identificação correta.

Figura 85. Amostra para determinação da alcalinidade.

Calibração do medidor de pH: Este ensaio foi efectuado de acordo com a metodologia da NMX-AA- 008-SCFI-2011.

- Antes de iniciar as medições, o medidor de pH foi calibrado com soluções-tampão de pH conhecido (pH 4, pH 7 e pH 10), o que garantiu a exatidão das leituras.

Figura 86. Soluções para a calibração do medidor de pH.

Medição do pH: Este ensaio foi efectuado segundo a metodologia da norma NMX-AA-008-SCFI- 2011.

- O elétrodo do medidor de pH foi imerso na amostra de água.
- A amostra foi agitada suavemente para assegurar uma leitura homogénea e o valor foi deixado estabilizar.
- O valor do pH indicado no medidor de pH para a amostra foi registado e a leitura foi de pH 6,6, que é uma amostra com os padrões exigidos de acordo com os regulamentos estabelecidos pelas nações mexicanas.

Figura 87. Medidor de pH utilizado nos ensaios.

A importância da medição do pH de acordo com a norma NMX-AA-008-SCFI-2011 foi crucial para avaliar o impacto do protótipo de desinfeção solar na qualidade da água. Este teste assegurou que o processo de tratamento não alterou significativamente o pH da água, mantendo-a dentro de um intervalo seguro para consumo humano.

3.5 Análise da água - medição da condutividade eléctrica em águas naturais, residuais e residuais tratadas - método de ensaio (NMX-AA-093-SCFI-200).

No processo de validação do protótipo de desinfeção solar de águas estagnadas e pluviais, a condutividade eléctrica da água tratada foi medida de acordo com a norma NMX-AA-096-SCFI-2000. Este teste foi realizado para avaliar a concentração de iões dissolvidos na água, tais como sais e minerais, que influenciam a sua capacidade de conduzir eletricidade. A determinação da condutividade eléctrica é essencial para garantir que a água tratada mantém uma qualidade adequada e não é afetada por contaminantes dissolvidos.

Recolha de amostras: Este ensaio foi efectuado de acordo com a metodologia da norma NMX-AA- 096-SCFI-2000.

- A amostra foi primeiro etiquetada adequadamente e armazenada em recipientes limpos para análise, a amostra foi extraída do protótipo de desinfeção solar.

Figura 88. Amostra para determinação da condutividade eléctrica.

Calibração do medidor de condutividade: Este ensaio foi efectuado de acordo com a metodologia da NMX- AA-096-SCFI-2000.

- As medições foram efectuadas, o medidor de condutividade foi calibrado com água desionizada com um valor de 0,00 mS, o que garantiu a precisão do instrumento.

Figura 89. Calibração do medidor de condutividade.

Medição da condutividade: Este ensaio foi efectuado de acordo com a metodologia da NMX-AA-096-SCFI-2000.

- O elétrodo do medidor de condutividade foi imerso na amostra de água.

- A amostra foi agitada suavemente para obter uma leitura estável e representativa.
- O valor da condutividade eléctrica, expresso em microsiemens por centímetro (µS/cm), foi registado para cada amostra. A nossa amostra obteve um valor de 0,36 mS, pelo que a nossa amostra está dentro dos parâmetros de condutividade eléctrica.

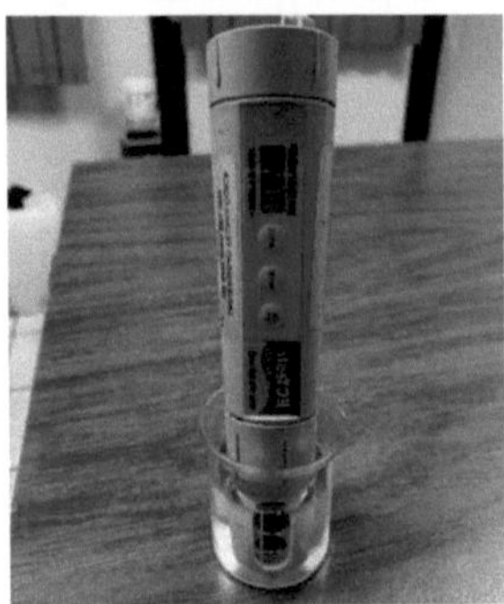

Figura 90. Leitura da amostra do protótipo.

A medição da condutividade eléctrica segundo a norma NMX-AA-096-SCFI-2000 foi essencial para avaliar a qualidade da água tratada pelo protótipo de desinfeção solar. Este ensaio permitiu garantir que o processo de desinfeção não aumentou a concentração de iões dissolvidos na água, mantendo a sua qualidade e potabilidade dentro de parâmetros adequados ao consumo humano.

CONCLUSÕES

A conceção e o desenvolvimento do protótipo de desinfeção solar para águas estagnadas e pluviais representou um avanço significativo na procura de soluções sustentáveis de tratamento de água para comunidades com acesso limitado a recursos básicos. Ao longo do projeto, foram abordados os desafios inerentes à falta de infra-estruturas e de recursos financeiros nas zonas rurais e peri-urbanas, o que levou ao desenvolvimento de um sistema acessível e eficiente que utiliza a energia solar como principal fonte de energia. Esta abordagem não só está alinhada com os princípios de sustentabilidade, como também oferece uma solução prática para melhorar a qualidade da água em áreas onde o acesso a água potável é extremamente limitado. Os testes de verificação realizados, incluindo a Carência Química de Oxigénio (CQO), que é isenta de matéria orgânica, a medição de sólidos em suspensão, o pH e a condutividade eléctrica, apresentaram resultados altamente satisfatórios. Estes testes mostraram que o protótipo foi capaz de reduzir significativamente os níveis de contaminantes na água tratada, satisfazendo os padrões de qualidade exigidos para o consumo humano. A capacidade do sistema para manter um pH de 6,6, reduzir a concentração de sólidos e assegurar uma baixa condutividade eléctrica (0,36 mS), confirmou a sua eficácia na produção de água segura adequada para várias aplicações domésticas e comunitárias. O projeto final foi considerado não só fácil de operar e manter, como também podia ser adaptado às condições locais com um baixo custo de implementação. Isto torna o protótipo uma solução replicável e escalável, com um potencial significativo de adoção noutras regiões com caraterísticas semelhantes. Em resumo, o projeto cumpriu com sucesso os seus objectivos de oferecer uma solução económica, eficiente e sustentável para o tratamento de águas estagnadas e pluviais em comunidades vulneráveis. Os resultados obtidos não só validaram a eficácia técnica do protótipo, como também demonstraram o seu impacto positivo na melhoria da qualidade de vida das pessoas que vivem em zonas com fraco acesso a água potável. Este protótipo representa um passo importante para a resolução de um dos problemas mais críticos em muitas regiões do mundo, proporcionando uma ferramenta valiosa para combater a escassez de água potável e contribuir para o bem-estar das comunidades mais carenciadas.

GLOSSÁRIO

Desinfeção solar: *O processo de remoção de microrganismos patogénicos da água através da exposição à radiação ultravioleta (UV) do sol.*

Água estagnada: *Corpos de água que não correm, como lagos, piscinas ou cisternas, que podem acumular poluentes e agentes patogénicos.*

Águas pluviais: Água da chuva *que pode ser recolhida e armazenada para várias utilizações, mas que pode conter poluentes, dependendo das superfícies e dos métodos de recolha.*

Protótipo: Um *modelo inicial de um dispositivo ou sistema utilizado para testar e validar a sua conceção e funcionalidade antes da produção à escala real.*

Carência Química de Oxigénio (CQO): *Medida da quantidade de oxigénio necessária para oxidar a matéria orgânica presente na água. É um indicador de poluição orgânica.*

Sólidos em suspensão: *Partículas sólidas presentes na água que não se dissolvem e que podem afetar a qualidade e o tratamento da água.*

pH: Uma *escala que mede a acidez ou alcalinidade da água. Um pH de 7 é neutro, valores mais baixos indicam acidez e valores mais altos indicam alcalinidade.*

Condutividade eléctrica: A *capacidade da água para conduzir eletricidade, que depende da concentração de iões dissolvidos. É um indicador da quantidade de sais e outros minerais na água.*

Radiação ultravioleta (UV): Um *tipo de radiação electromagnética com comprimentos de onda mais curtos do que a luz visível. A radiação UV-C, em particular, é eficaz na desinfeção da água, danificando o ADN dos microrganismos.*

Microrganismos patogénicos: *Organismos microscópicos, como bactérias, vírus e protozoários, que podem causar doenças.*

Sustentabilidade: A *capacidade de um sistema ou processo ser mantido ao longo do tempo sem esgotar os recursos ou causar danos ao ambiente.*

Potabilidade: *Qualidade da água que a torna segura para consumo humano, cumprindo as normas de saúde e segurança estabelecidas.*

Infra-estruturas: O *conjunto de elementos e serviços necessários ao funcionamento de uma sociedade, como o abastecimento de água, a eletricidade e o saneamento básico.*

Recurso económico: *Dinheiro, bens e serviços que são utilizados para produzir e distribuir produtos e serviços.*

Poluentes: *Substâncias ou elementos que estão presentes na água e que podem ser prejudiciais para a saúde humana e para o ambiente.*

Verificação: *O processo de verificação e validação de que um sistema ou dispositivo está em conformidade com os requisitos e normas estabelecidos.*

Eficiência: A *capacidade de um sistema ou processo para alcançar o efeito desejado com a utilização dos recursos disponíveis.*

REFERÊNCIAS

• 100Cía en Casa (2012, 25 de novembro). O poder das lentes de Fresnel. 100 Companhia em Casa.https://100ciaencasa.blogspot.com/2012/11/el-poder-de-las-lentes- fresnel.html

• A20183390_21926. (2019, 9 de dezembro). Isaac Newton: Reflexão e refração da luz. Medium.https://medium.com/@a20183390_21926/isaac-newton- reflexi%C3%B3n-y-refracci%C3%B3n-de-la-luz-2fb8052fdd79

• Alejandro León. (2020, 11 de junho). Preocupa agua estancada en Canal Nacional. Reforma. https://www.reforma.com/preocupa-agua-estancada-en-canal- nacional/ar2645461

• Alternativa Renovável (2016, 7 de dezembro). Aquecedor solar de água de tubo evacuado. Renewable Alternative Renewable. https://alternativarenovable.blogspot.com/2016/12/calentador-solar-de-agua-de- tubos-al.html.

• Sociedade Americana do Cancro (2020). Radioterapia para o cancro. Retirado de https://www.cancer.org/cancer/cervical-cancer/treating/radiation.html

• ArchDaily (2013, 29 de novembro). Espelhos gigantes reflectem o sol de inverno na cidade norueguesa de Rjukan. ArchDaily. https://www.archdaily.mx/mx/02- 305625/giant-mirrors-reflect-the-winter-sun-in-the-norwegian-city-of-rjukan.

• Area Technology (n.d.). Irradiância e irradiação. Área de Tecnologia. https://www.areatecnologia.com/electricidad/irradiancia-irradiacion.html

• Ávila, J. (2017). Análise e avaliação da eficiência do cosseno de um coletor de calha parabólica polar: Aplicação em uma região subtropical da Argentina. Avanços em Ciência e Engenharia, 8(1), 13-22. https://revistas.usfq.edu.ec/index.php/avances/article/view/2283/2904

• Beamex.(n.d.). Unidades de temperatura e suas conversões. Beamex. https://blog.beamex.com/es/unidades-de-temperatura-y-sus-conversiones

• Canaltic. (n.d.). Energia solar térmica. Canaltic. https://canaltic.com/blog/html/exe/energias/energia_solar_trmica.html

• Cedric Olivier (n.d.) Como funciona um sistema de recolha de águas pluviais? Comunidad Feliz. https://www.comunidadfeliz.mx/post/como-funciona-un-sistema- de-captacion-de-agua-pluvial?a_b_test_blog=C

• Chen, F. (2011). Energia solar: Fundamentals and applications. Springer.

• Ciência UNAM. (s.d.). Da caldeira a lenha ao aquecedor solar: Uma opção sustentável. Ciencia UNAM. https://ciencia.unam.mx/leer/768/del-boiler-de-lena-al-calentador- solar-aopção-sustentável.

• Fundação CK-12 (n.d.). Energia solar e latitude. Fundação CK-12. https://flexbooks.ck12.org/cbook/ck-12-conceptos-de-ciencias-de-la-tierra-grados-6-8-en-en-espanol/section/7.12/primary/lesson/la-energ%C3%ADa-solar-and-latitude/

• Ciência do clima. (n.d.). Efeito de estufa avançado. Climate Science. https://climatescience.org/es/advanced-greenhouse-effect

• Comissão Nacional da Água (CONAGUA) (2021). Norma Oficial Mexicana NOM- 001-SEMARNAT-2021. Recuperado de https://www.gob.mx/conagua

• Concentração Solar. (n.d.). Disco parabólico. Concentração Solar. https://concentracionsolar.org.mx/concentracion-solar/disco-parabolico

• Diehl, J. F. (2002). Safety of irradiated foods (Segurança dos alimentos irradiados). CRC Press.

• Digital Books Pro. (n.d.). [Título do capítulo ou livro]. Digital Books Pro. https://reader.digitalbooks.pro/content/preview/books/39121/book/OEBPS/Text/cha pter1.html

• Docenteca. (n.d.). Calor vs temperatura: Actividades. Docenteca. https://www.docenteca.com/Publicaciones/455-calor-vs-temperatura-actividades.html#google_vignette

• Duffie, J. A., & Beckman, W. A. (2013). Engenharia solar de processos térmicos. John Wiley & Sons.

• Duffie, J. A., & Beckman, W. A. (2013). Engenharia Solar de Processos Térmicos (4ª ed.) John Wiley & Sons.

• Duffie, J. A., & Beckman, W. A. (2013). Engenharia Solar de Processos Térmicos

(4ª ed.) John Wiley & Sons.

• Eco Solar Esp (n.d.). Tecnologia fotovoltaica de concentração. Eco Solar Esp. https://www.ecosolaresp.com/la-tecnologia-de-concentracion-fotovoltaica/

• Ecoinventions (2018, 15 de janeiro). Nova geração de recetores de partículas de energia solar concentrada. Ecoinventos. https://ecoinventos.com/nueva- generacion-de-receptores-de-particulas-de-energia-particulas-de-energia-solar-por-concentracion/.

• Ed Kashi, Christina Nunez (2024, 25 de abril). A poluição da água é uma crise global crescente. Eis o que precisa de saber. National Geographic Espanha. Recuperado de https://www.nationalgeographic.es/medio- ambiente/contaminacion-del-agua

• Elemetrics (2024). LP-PYRHE-16. Elemetrics. https://elemetrics.mx/producto/lp- pyrhe-16/

• Energia Solar (n.d.). Sistemas de seguimento solar. Energia Solar. https://www.energiasolar.lat/sistemas-de-seguimiento-solar/

• Eurostar Solar (n.d.). Sistemas de concentração de energia solar. Eurostar Solar. https://www.eurostar-solar.com/sistemas-solares-de-concentraci%C3%B3n.html

• Facilitador_Ped (n.d.). Transferência de energia por convecção [Figura]. SlideShare. https://es.slideshare.net/Facilitador_Ped/los-materiales-y-el-calor-parte-2#8

• Fator de Energia (n.d.). Irradiância e irradiância: Diferença. Fator de energia. https://www.factorenergia.com/es/blog/autoconsumo-electrico/irradiacion-e- irradiance-difference/.

• Farkas, J. (2016). Irradiação para melhores alimentos. Tendências em Ciência e Tecnologia Alimentar, 49, 1-2. https://doi.org/10.1016/j.tifs.2016.01.017

• Ferrer, F. J. (s.d.). Factores que condicionam a insolação terrestre. Universidade de La Laguna. https://fjferrer.webs.ull.es/Apuntes3/Leccion02/2_factores_que_condicionan_la_ins olacin_terrestre.html

• Ferrer, F. J. (s.d.). Tipos de energia em que se transforma a radiação solar [Figura]. Universidade de La Laguna.

• Fordecyt-IER UNAM. (s.d.). Concentrador parabólico composto. Fordecyt-IER UNAM. http://www.fordecyt.ier.unam.mx/html/concentradorParab%C3%B3licoCompuesto _1.html

• García, L. P., & Hernández, M. T. (2017). A recolha de águas pluviais e o seu potencial para as zonas rurais. Water Resources Management, 31(5), 1329-1342. https://doi.org/10.1007/s11269-017-1609-3

• GMD Sol (s.d.). Energia solar térmica III: Torre solar. GMD Sol. https://gmdsol.com/energia-termosolar-iii-torre-solar/

• Gupta, N., & Verma, S. (2020). Aplicações da irradiação em alimentos e agricultura. Journal of Food Science and Technology, 57(4), 1010-1018. https://doi.org/10.1007/s13197-019-04113-3

• Hach (2024). Piranómetro Kipp & Zonen CMP10. Hach. https://latam.hach.com/piranometro-kipp-zonen-cmp10/product?id=63882547647#

• Héctor Rodríguez. (2022, 16 de maio). Os níveis de oxigénio nos lagos temperados estão em em declínio. Revista National Geographic Magazine Espanha. Retrieved from templados-estan-declive_16972

• Hogarsense. (s.d.). Coletor solar Hogarsense. https://www.hogarsense.es/energia-solar/captador-solar-termico

• Horta, P., Mendes, J. F., & Monteiro, L. P. (2018). Aplicações da energia solar térmica na indústria. Energy Procedia, 153, 503-508. https://doi.org/10.1016/j.egypro.2018.10.051

• Hsaini, Y. (2020). Análise da eficiência energética em edifícios residenciais através de simulações dinâmicas. [Tese final de licenciatura, Universidade Politécnica de Madrid]. Repositorio Institucional de la Universidad Politécnica de Madrid. https://oa.upm.es/68142/1/TFG_YASIN_HSAINI_AMMI.pdf

• Ingelcia (n.d.). Benefícios da bomba de calor para aquecimento na indústria. Ingelcia. https://www.ingelcia.com/articulo-general/beneficios-de-la-bomba-de- heat-for-heating-in-industry/.

• Iqbal, M. (1983). An Introduction to Solar Radiation. Imprensa Académica. Kalogirou, S. A. (2014). Engenharia de energia solar: Processes and systems. Academic Press.

• JAPAC. (2018, 16 de julho). Benefícios do sistema rural de recolha de águas pluviais. JAPAC. https://japac.gob.mx/2018/07/16/beneficios-del-sistema-de-captacion-pluvial-rural/

• Jonathan Castellón (2022, 16 de agosto). Navojoa: Começa a remoção da água estagnada em Tetanchopo. Expreso. Recuperado de https://www.expreso.com.mx/noticias/sonora/navojoa-inician-retiro-de-agua- estancada-en-tetanchopo/158522

• Kalogirou, S. A. (2014). Engenharia de Energia Solar: Processes and Systems (2ª ed.). Imprensa Académica.

• Keeui (2021, 15 de fevereiro). Sistema de torre de energia. Keeui. https://keeui.com/2021/02/15/sistema-de-torre-de-energia/

• Khan, F. M. (2017). A física da terapia de radiação. Lippincott Williams & Wilkins.

• Kipp & Zonen (2024). Figura 4.16. Actinómetro Linke-Feussner, fabricado pela Kipp & Zonen. ResearchGate. https://www.researchgate.net/figure/Figura-416- Actinometer-Linke-Feussner-actinometer-manufactured-by-Kipp-Zonen_fig23_311375862

• Lara, Fernando & Velázquez, Nicolás & Sauceda, Daniel & Acuña, Alexis (2012). Metodologia para o dimensionamento e otimização de um concentrador linear de Fresnel. Informação Tecnológica. 24. 10.4067/S0718-07642013000100013.

• Leutz, R., & Suzuki, A. (2001). Nonimaging Fresnel Lenses: Design and Performance of Solar Concentrators. Springer.

• Lovegrove, K., & Stein, W. (2012). Tecnologia de concentração de energia solar: Principles, developments, and applications. Woodhead Publishing.

• Made-in-China (n.d.). Lente solar Fresnel ótica de tamanho grande, diâmetro 1100mm, solar concentrador de energia solar Lente Fresnel para cozinhar, lente spot Fresnel PMMA. Made-in-China.https://es.made-in-china.com/co_dgchinaoptics/product_Large-Size- Lentes solares ópticas de Fresnel, diâmetro de 1100 mm, concentradores de energia solar, lentes de Fresnel para cozinhar, lentes de Fresnel PMMA_uogrorsooy.html

• Madrimasd. (2021, 26 de novembro). A energia solar e a sua evolução: uma perspetiva para o futuro. Madrimasd. https://www.madrimasd.org/blogs/energiasalternativas/2021/11/26/134995

• Mariana Roucau (s.d.). Como se forma a chuva como se forma a chuva ácida? Pinterest. https://es.pinterest.com/pin/435019645270457821/visual-search/?x=16&y=16&w=532&h=316&cropSource=6&surfaceType=flashlight

• Masters, G. M. (2004). Renewable and Efficient Electric Power Systems (Sistemas de energia eléctrica renováveis e eficientes). John Wiley & Sons.

• Mekhilef, S., Saidur, R., & Safari, A. (2011). Uma revisão sobre a utilização da energia solar nas indústrias. Renewable and Sustainable Energy Reviews, 15(4), 1777-1790. https://doi.org/10.1016/j.rser.2010.12.018.

• Mendes, F., Busscher, H. J., & van der Mei, H. C. (2018). Efeitos antimicrobianos do feixe de elétrons e irradiação gama. Jornal Internacional de Agentes Antimicrobianos, 52(3), 356-362. https://doi.org/10.1016/j.ijantimicag.2018.03.023

• Meteorologia em linha (n.d.). IRIS2: O ambicioso projeto europeu de satélites. Meteorología en Red. https://www.meteorologiaenred.com/iris2-el-ambicioso- proyecto-europeo-de-satelites.html.

• Miller, A., & Smith, B. (2019). Radiação não ionizante: Aplicações de micro-ondas e UV. Journal of Applied Physics, 125(14), 143301. https://doi.org/10.1063/1.5088324

• Molins, R. A. (2001). Irradiação de alimentos: Principles and applications. John Wiley & Sons.

• Monteith, J. L., & Unsworth, M. H. (2013). Princípios de Física Ambiental: Plantas, Animais e a Atmosfera (4ª ed.). Academic Press.

• Organização Mundial da Saúde [OMS] (2017). Diretrizes para a qualidade da água potável: Incorporando o primeiro suplemento à quarta edição (4ª ed.). Genebra, Suíça: OMS. https://www.who.int/water_sanitation_health/dwq/guidelines/es/

• Osterholm, M. T., & Norgan, A. P. (2004). O papel da irradiação na segurança alimentar. New England ournal of Medicine,350(18), 1898-1901. https://doi.org/10.1056/NEJMp048028

• Pihl, E., & Boulay, M. (2012). Concentrating Solar Power: Technologies, Costs and

Opportunities in the U.S. Market [Energia Solar Concentrada: Tecnologias, Custos e Oportunidades no Mercado dos EUA]. Laboratório Nacional de Energias Renováveis.

• Pihl, E., & Boulay, M. (2012). Concentrating Solar Power: Technologies, Costs and Opportunities in the U.S. Market [Energia Solar Concentrada: Tecnologias, Custos e Oportunidades no Mercado dos EUA]. Laboratório Nacional de Energias Renováveis.

• Price, H., Lüpfert, E., Kearney, D., Zarza, E., Cohen, G., Gee, R., & Mahoney, R. (2002). Advances in parabolic trough solar power technology (Avanços na tecnologia de energia solar de calha parabólica). Journal of Solar Energy Engineering, 124(2), 109-125. https://doi.org/10.1115/1.1467922

• Proain (s.d.). Importância da radiação solar na produção de mudas. Proain. https://proain.com/blogs/notas-tecnicas/importancia-de-la-radiacion-solar-en-la- seedling-production.

• Rabl, A. (1985). Active Solar Collectors and Their Applications. Oxford University Press.

• RESSSPI. (s.d.). Tecnologia da tecnologia RESSSPI. https://www.ressspi.com/calorsolar/tecnologia

• S., S. & Del Río, Jesus. (2009). Concentrador parabólico composto: Uma descrição opto-geométrica. Revista mexicana de física E. 55. 141-153.

• Ministério do Ambiente e dos Recursos Naturais (SEMARNAT). (1997). Norma Oficial Mexicana NOM-003-SEMARNAT-1997. Recuperado de https://www.gob.mx/semarnat

• Secretaría de Salud.(2002).Norma Oficial Mexicana NOM 230-SSA1-2002. Recuperado de https://www.gob.mx/salud

• Secretaría de Salud. (2021). Norma Oficial Mexicana NOM 127-SSA1-2021. Recuperado de https://www.gob.mx/salud

• Shutterstock (2024). Ilustração científica vetorial de fluxo de calor isolado em fundo branco. Shutterstock. https://www.shutterstock.com/es/image-vetor/vetor- scientific-illustration-heat-flow-isolated-2333500931

• Smith, J. A. (2020). Qualidade da água e saúde pública: The challenges of stagnant water. Jornal de Estudos Ambientais, 45(2), 123-135.https://doi.org/10.1016/j.envres.2020.108987

• Smith, J., Doe, J., & Brown, P. (2015). Aplicações da radiação na investigação. Radiation Research, 183(3), 285-292. https://doi.org/10.1667/RR14062.1

• SolarAnywhere (2021). Definições de campos de dados. SolarAnywhere. https://www.solaranywhere.com/es/support/data-fields/definitions/

• Stull, R. B. (1988). An Introduction to Boundary Layer Meteorology (Introdução à

Meteorologia da Camada Limite). Kluwer Academic Publishers.

• Suzel Tunes (2020, 27 de outubro). O avanço das águas estagnadas. Revista Pesquisa FAPESP. https://revistapesquisa.fapesp.br/es/el-avance-de-las-aguas-estancadas/

• Tecpa (n.d.). Tipos de centrais térmicas solares. Tecpa. https://www.tecpa.es/tipos-de-centrais-termosolares/.

• The Morning Star G2 (2012, 16 de março). Tecnologia de calha parabólica. The Morning Star G2. https://themorningstarg2.wordpress.com/2012/03/16/tecnologia- cylindrical-parabolic/

• The Morning Star G2 (n.d.). Em destaque. The Morning Star G2. https://themorningstarg2.wordpress.com/tag/concentracion-puntual/

• Engenharia Térmica (n.d.) O que é a lei de condução térmica de Fourier? Definição. Engenharia Térmica. https://www.thermal-engineering.org/es/que-es- la-ley-de-conduccion-termica-de-fourier-definicion/

• Transferência de calor UNEFA Punto Fijo (n.d.). Transferência de energia por radiação solar radiação solar radiação solar radiação solar [Figura]. https://transferenciadecalorunefapuntofijo.wordpress.com/wp-content/uploads/2015/04/medidor-radiacion-pce-spm1-squema.jpg

• Tricanal. (n.d.). Tipos de caleiras para calhas de água. Recuperado de https://tricanal.com/pluviales

• Tyagi, V. V., Kaushik, S. C., & Tyagi, S. K. (2012). Avanço na tecnologia de colectores híbridos solares fotovoltaicos/térmicos (PV/T). Renewable and Sustainable Energy Reviews, 16(3), 1383-1398. https://doi.org/10.1016/j.rser.2011.12.013

• Comité Científico das Nações Unidas os Efeitos das Radiações Atómicas

(UNSCEAR). (2008). Fontes e efeitos das radiações ionizantes. Nações Unidas.

• Wagner, M. J., & Gilman, P. (2011). Manual técnico para o modelo SAM Physical Trough. Laboratório Nacional de Energias Renováveis.

• Wited (n.d.). Temperatura e calor. Wited. https://www.wited.com/temperatura-y- heat/

• Zarza, E., Valenzuela, L., León, J., Hennecke, K., Eck, M., Weyers, H. D., & Eickhoff, M. (2004). Geração direta de vapor em calhas parabólicas: Resultados finais e conclusões do projeto DISS. Energy, 29(5-6), 635-644. https://doi.org/10.1016/j.energy.2003.09.034

Printed by Books on Demand GmbH, Norderstedt / Germany